ビーカーくんとそのなかまたち

ビーカーくん
コニカル
ビーカーくん
トール
ビーカーくん
手付きビーカーくん
ステンレス
ビーカーくんと
フタくん
ケルダール
フラスコくん
枝付き
フラスコくん
メスフラスコちゃん
上皿天秤くんと
2枚の皿くん
5g
2g
分銅3兄弟
500mg
200mg
100mg
板状分銅3兄弟
試験管
ブラザーズ
2又試験管
にいさん
試験管ばさみくん
試験管立てくん
メスシリンダー
くん
メートル
グラスくん
ミクロスパーテルくん
ろ紙くん
ろうとちゃん
ろうと台くん
ブフナーろうと
じいさん
吸引ビンくん
アスピレーターくんと
ゴム管くん
分液ろうと
マダムと
分液ろうとのフタくん
燃焼
スチールウ
25.8
ん
洗ビンくん
ピペット洗浄トリオ
(洗浄器くん・洗浄カゴくん・洗浄槽くん)
青色リトマス紙くんと
赤色リトマス紙くん
pH試験紙くんと
そのケースくん
デジタルストップ
ウォッチくん
アナログ
ストップウォッチ
おじいさん
コンパスおじさん
分光光度計くん
石英セルくん

ビーカーくんのゆかいな化学実験

うえたに夫婦 著

Chemical experiment by Beaker-kun

はじめに

こんにちは、理系イラストレーターのうえたに夫婦です。
簡単に自己紹介すると、元化粧品メーカー研究員の夫と元体育会系の妻のリアル夫婦ユニットで、イラスト作業のメインは夫、着色などの作業は妻という分担でやってます（ちなみに、この「はじめに」は夫が書いてます）。

理系イラストレーターとして活動していますが、妻は理系ではないので、制作するときはいつも細かく情報を伝えながら進めていく必要があったり、分かっていると思っていたことが全く分かっていなかったりと、あーだこーだ言い合いながら描いています。

とまぁそんな話は置いといて、「ビーカーくん」は、私が研究員時代に趣味で描き始めたのがきっかけで生まれたキャラクターです。そこから他のキャラも増えていき、最初の本「ビーカーくんとそのなかまたち」には１３０種類を超えるキャラクターが登場しました。今回の本でも２０種類以上の新キャラが出てくるので、今では１５０種類以上のなかまたちがいることになります。

さて、今回はビーカーくんたちが様々な化学実験を紹介する本となっています。出てくる実験は「スチールウールの燃焼実験」のようなメジャーなものから、「ソックスレー抽出器によるゴマ油の抽出実験」のようなマニアックなものまで、全部で20種類以上。そして、それらを4つのカテゴリー「つくる」「はかる」「観察する」「分ける」に分類して紹介しています。

ただ、あくまで私の感覚で振り分けていますので「あれ？」と思うものもあるかもしれません。「ミョウバンの結晶を作る実験は再結晶（精製方法の1種）だから、『分ける』カテゴリーだろ！」とか、「スチールウールの燃焼は酸化鉄を作ってるから『つくる』カテゴリーだろ！」とか言わないでくださいね…。

小中学生のみなさん、今回の本も参考書ではありませんが、「こんな実験あるんだ！」とか「この実験やったことあるぞ」と、楽しく読める本になっていると思います。この本がきっかけで理科や化学に興味を持ってもらえると嬉しいです。

前回に引き続きコラムを書いてくださった山村先生、デザイナーの佐藤さん、編集者の杉浦さん、ことり社の小島さんのおかげで、これまた楽しい本になったと思います。

では、今回も実験室にいるつもりで読んでみてください。

うえたに夫婦

ビーカーくんとそのなかまたち
とある大学
実験室
パッ
ババ
バーン

ビーカーくんメモ

▼第2弾が出たよ

実験とは「事柄の是非を確かめるために〝実際に〟やってみること。理論や仮説を〝実際に〟試すこと」などと辞書にあります。この「実際に」というのがとても重要で、やってみなくては始まりません（実際にはやらない「思考実験」というのもありますが…）。コレクションしたり飾って眺めても楽しいビーカーくんたちですが、その存在意義は実験があってこそ。彼らが活躍する姿を本書でとくとお楽しみあれ…あ、「実際に」やり方を調べて実験していただければさらにHappyです！

もくじ

CHAPTER 5
分ける実験

○ふろく

○COLUMN

〈文章：山村紳一郎〉

この本の見方

キャラクター図鑑

実験図鑑

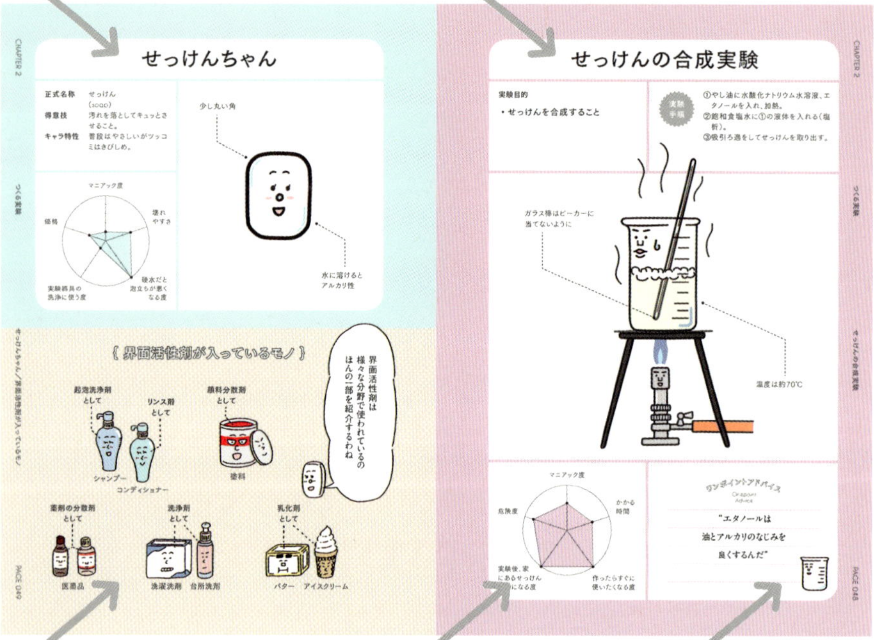

CHAPTER 2
せっけんちゃん
正式名称　せっけん（soap）
得意技　汚れを落としてキュッとさせること。
キャラ特性　普段はやさしいがツッコミはきびしめ。
少し丸い角
水に溶けるとアルカリ性
マニアック度
壊れやすさ
価格
実験器具の洗浄に使う度
硬水だと泡立ちが悪くなる度
つくる実験
せっけんちゃん／界面活性剤が入っているモノ
{ 界面活性剤が入っているモノ }
界面活性剤は様々な分野で使われているのほんの一部を紹介するわね
起泡洗浄剤として
リンス剤として
シャンプー
コンディショナー
顔料分散剤として
塗料
薬剤の分散剤として
医薬品
洗浄剤として
洗濯洗剤
台所洗剤
乳化剤として
バター
アイスクリーム
PAGE 049
せっけんの合成実験
実験目的
・せっけんを合成すること
実験手順
①やし油に水酸化ナトリウム水溶液、エタノールを入れ、加熱。
②飽和食塩水に①の液体を入れる（塩析）。
③吸引ろ過をしてせっけんを取り出す。
ガラス棒はビーカーに当てないように
温度は約70℃
マニアック度
かかる時間
危険度
実験後、家にあるせっけんになる度
作ったらすぐに使いたくなる度
ワンポイントアドバイス
Onepoint Advice
“エタノールは
油とアルカリのなじみを
良くするんだ”
CHAPTER 2
つくる実験
せっけんの合成実験
PAGE 048

実験やキャラクターに関する豆知識

独断と偏見によるレーダーチャート

いろいろな項目を5段階で評価しています

ワンポイントアドバイス

実験についてビーカーくんからのアドバイス

この本では、ビーカーくんたち実験器具キャラクターが実験の解説をしています。漫画や図鑑を通じて彼らの活躍を紹介していきます。
なお、イラスト演出の都合上、本来いるはずの実験スタンドくんがいない場合もございます。実験スタンドくんファンの方々には誠に申し訳ございませんが、予めご了承いただけますと幸いです。

CHAPTER 1

実験をする前に

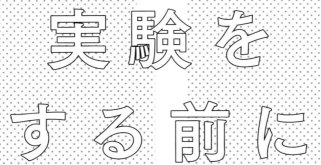

実験に対する心得10カ条

実験を安全に そして効率的に 進めるために守ってね〜

1 実験の目的や方法を予習し、実験の流れをイメージしておく

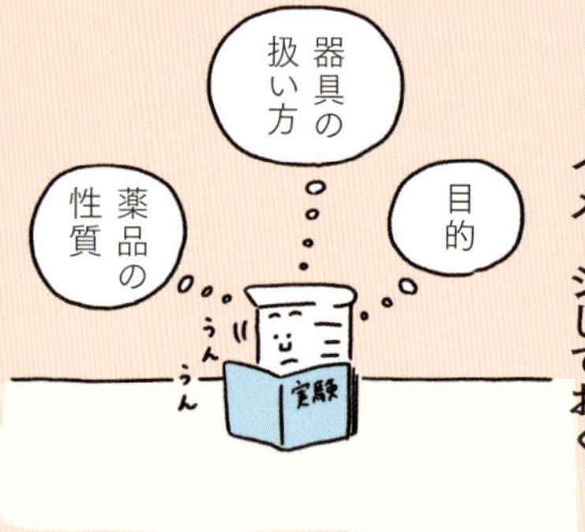
器具の扱い方
薬品の性質
目的
うん うん
実験

2 器具や薬品などを十分に準備する

材料
薬品
器具

3 実験をする机は整理整頓しておく

ピカーッ
キレイが一番!

4 不要なモノを実験室に持ちこまない

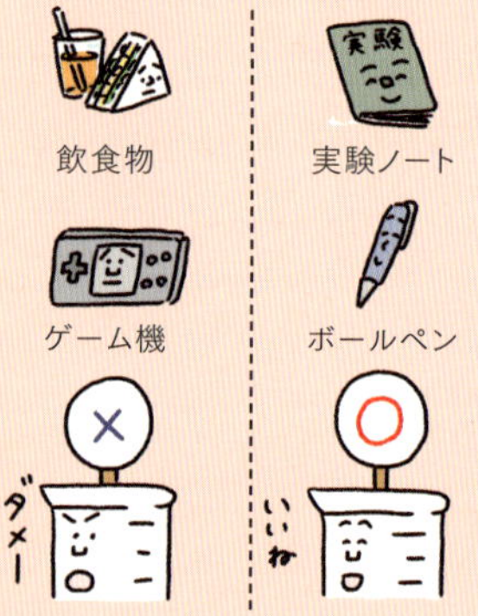
実験
実験ノート
ボールペン
いいね
飲食物
ゲーム機
ダメー

5 実験に適した服装で実験を行う

保護メガネや白衣を忘れずに
詳しくは次のページを見てね

6 実験中は離れない

○ Good

× Bad

7 実験中に観察したことは細かく記録する

8 緊急時（火災・事故）の対応方法を頭に入れておく

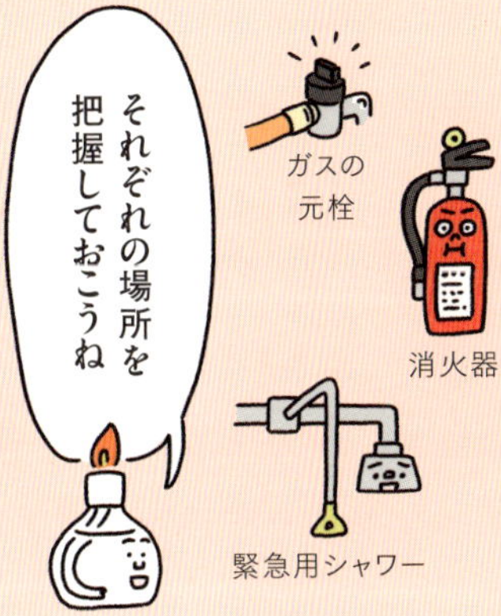

9 後片づけを完璧にしておく

10 結果はその日のうちにまとめる

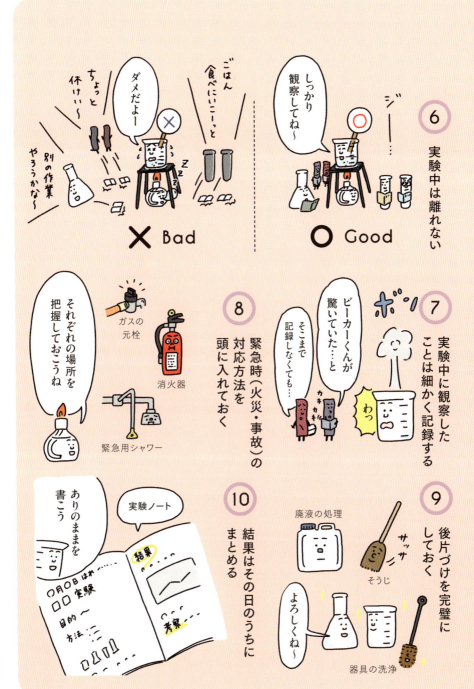

安全に実験するために

実験に適した服装

白衣
（腕まくりは
しないこと）
保護メガネ
手袋
（必要に応じて）
すべりにくく
動きやすい靴
（サンダルやヒールの
あるものはNG）

この物質に注意しよう

引火性液体

爆発する恐れがあるので絶対に火の近くで扱ってはいけない（ジエチルエーテル・メタノールなど）

酸・アルカリ

皮膚や目につくと皮膚や粘膜が侵される。必ず保護メガネや手袋を使用する（塩酸・水酸化ナトリウム水溶液など）

性質をしっかり
理解して扱おう

試薬ビンくん

毒物・劇物

微量でも非常に危険性が高い。ガス性のものは排気装置（ドラフトなど）の中で扱う（水銀化合物・アンモニア水など）

もしものときの応急処置

1 切傷の場合

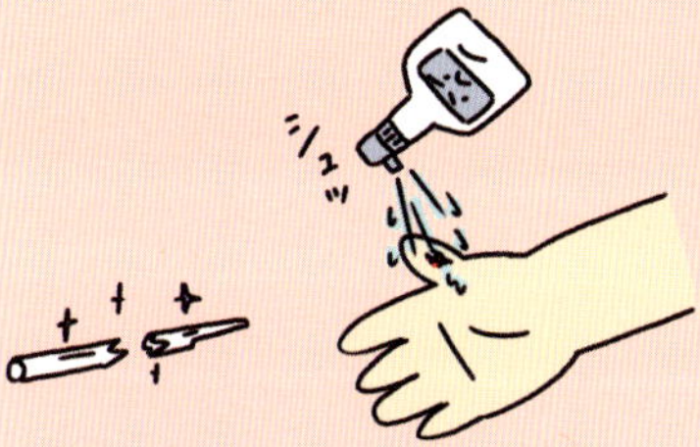

ガラスの破片を取り除き、消毒・止血する

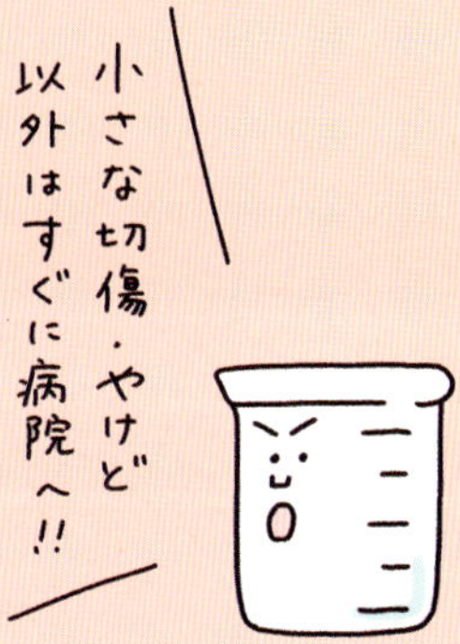

2 やけどの場合

水で患部を10分以上冷やす

3 薬品が付着した場合

粉末状の薬品が付いたときはふき取ってから洗うこと

大量の水で15分以上流す

4 薬品が目に入った場合

目を開き水で洗浄する。何度もまばたきする

5 薬品を飲んだ場合

はき出すのが第一。飲みこんでしまったときは多量の水を飲んではく

トールビーカーくん

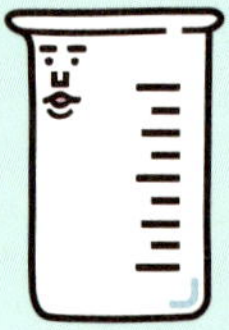

しゃくれたアゴがチャームポイント。加熱したまま液体を混合させることが得意

コニカルビーカーくん

コミカルとよく間違われる。真面目な性格で中和滴定実験で大活躍

ビーカーくん

主人公。液体を容れることが得意。様々な実験で活躍するが、目盛は目安に使う程度

メスシリンダーくん

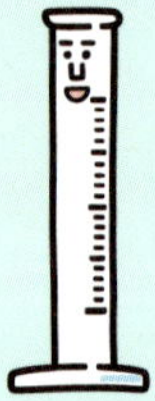

足元が不安定。ビーカーくんよりも高い目盛り精度を持つ

枝付きフラスコくん

頼まれると断れない性格。気体を分離するのが得意

三角フラスコくん

正式名称はエルレンマイヤーフラスコ。加熱、ダメ、絶対

ガスバーナーくん

熱いハートの持ち主。動かしにくいのが玉にキズ

アルコールランプくんとフタくん

液体などをゆっくり温めるのが得意。火はフタくんが消してくれる

試験管ブラザーズ

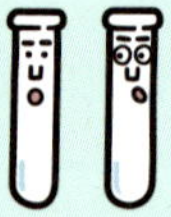

好奇心旺盛な兄弟。左が兄、右が弟。少量の試薬を反応させることが得意

電子天秤に付いてる水準器の中の気泡くん

電子天秤が水平かどうかを示しているが、落ち着きがなく、いつも動き回っている

電子天秤くん

水平を保っていることが大切。ゼロ補正を忘れられることも多い

上皿天秤くんと2枚の皿くん

左右の釣り合いで重さをはかる。白黒つけたがるクセがある

ろうとちゃん

おしとやかで上品。液体を一つに集めて流すことが得意

安全ピペッターくん

液体を吸い上げて流し出すことが得意。ホールピペットくんの相棒

ホールピペットくん

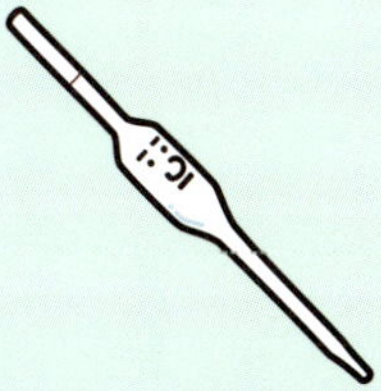

決まった量をはかり取るエキスパート。加熱乾燥はダメ

リービッヒ冷却器くん

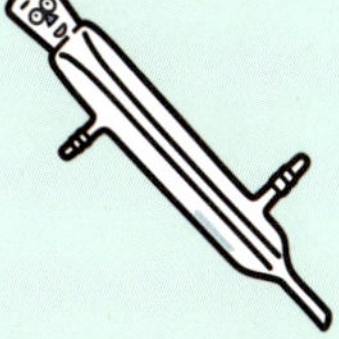

素直な性格。蒸気を冷やして液体にするのが得意。水は下から上に入れよう

プレパラートくん

しっかり者のスライドガラスくんとマイペースなカバーガラスくんのコンビ

ブフナーろうとじいさん

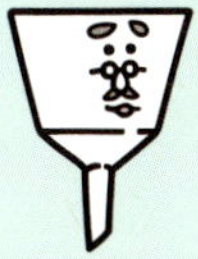

吸引ろ過が得意。メガネを付けているのにメガネを探してしまう

ビーカーの取り扱い

中に液体を容れたり反応させたりさせることが得意なビーカー。ガラス製のものが多いので割らないように気をつけましょう。

液体の注ぎ方

液体がガラス棒とビーカーの壁をつたって中に入るように少しずつ注ぐ

持ち方

片方の手で底を支え、もう片方の手で横を持つ

乾かし方

逆さに置いて自然乾燥(電気乾燥機に入れても可)

洗い方

洗浄ブラシに洗剤をつけ外側と内側を洗う

加熱方法

必ず加熱用の金網を下にしいて加熱する

試験管の取り扱い

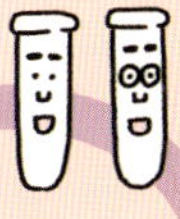

少量で反応させることが得意な試験管。コロコロ転がらないように気をつけましょう。

加熱方法

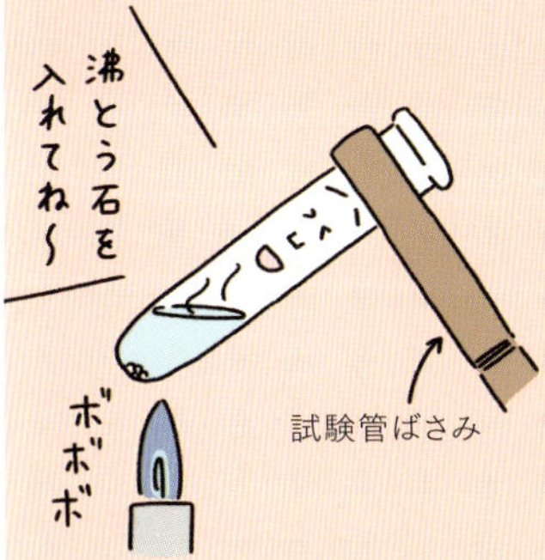
沸とう石を入れてね〜
ボボボ
試験管ばさみ

少し傾けて持ち、軽く振りながら加熱する

振り方

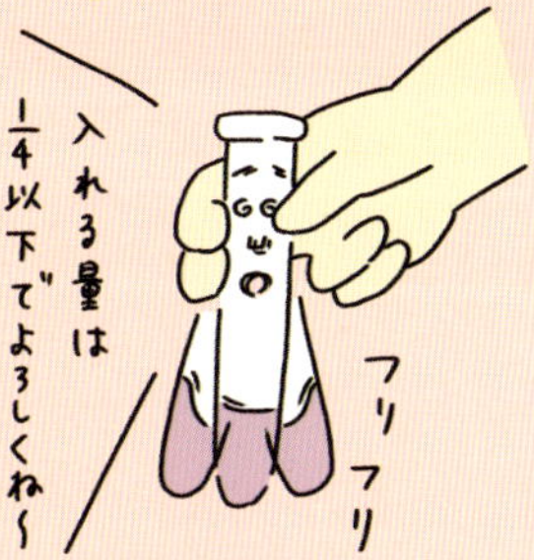
入れる量は1/4以下でよろしくね〜
フリフリ

上の方を持ち、底を左右に振る

洗い方

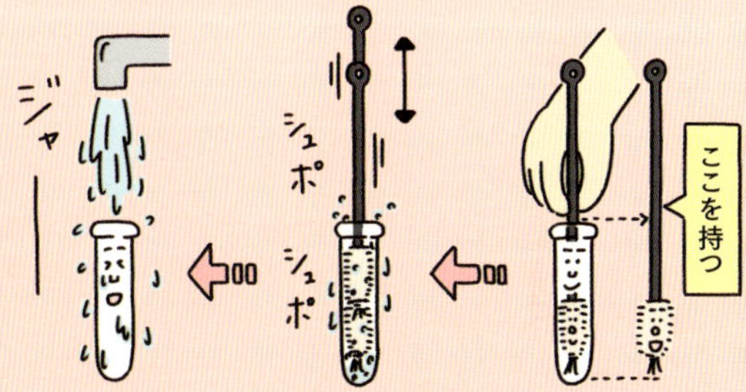
ここを持つ
シュポシュポ
ジャー

1

ブラシを入れて、底に当たらないよう位置を決める

2

ブラシを前後に動かす。（底を壊さないこと）

3

水道水でよくすすぎ、純水でもすすぐ

洗浄の前後で水をつけると…

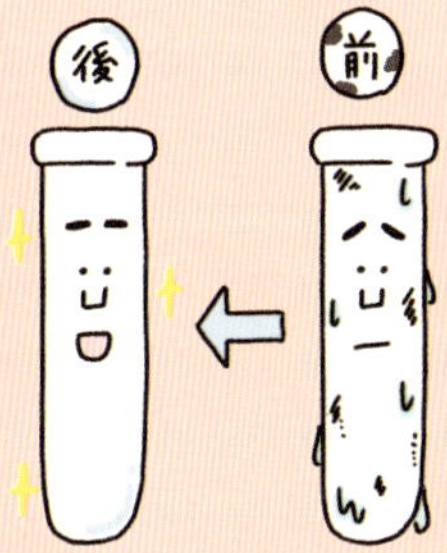
前
後

前：表面のところどころに水滴がつく

後：表面にきれいな膜ができる

アルコールランプの取り扱い

ゆるやかに加熱するのが得意なアルコールランプ。中のアルコールの量や芯の出し方など注意点は多いんです。

使用前のチェック

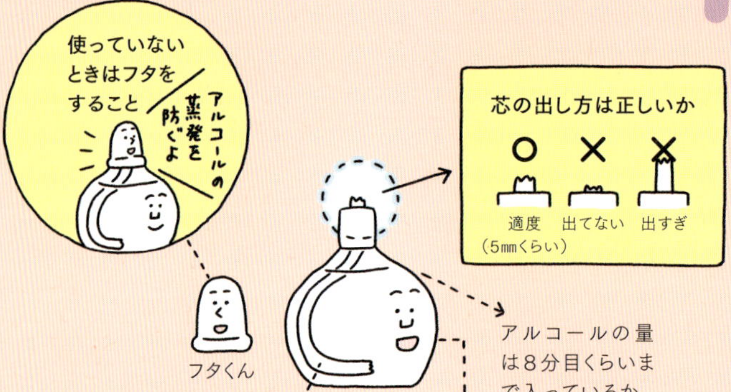

アルコールの量は8分目くらいまで入っているか

芯がアルコールに十分に浸かっているか

割れているところはないか

火のつけ方

消し方

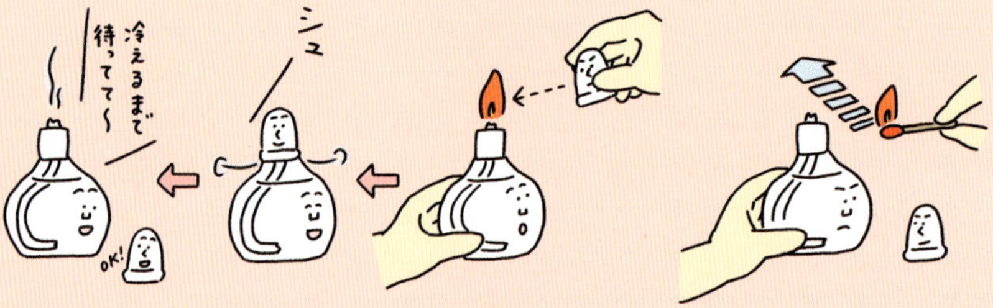

アルコールランプをおさえて、マッチを芯の横から近づけていく

1. 下をおさえてフタを横からかぶせる
2. 火を消す
3. 火が消えたのを確認しフタを取る。冷えてから最後にフタをする

やってはダメ

×
○
いつものフタくんじゃないと、ちゃんとはまらないよ〜
ガチャガチャ
バッチリだね

本体とフタの
組み合わせを変えない

あぶない!! アルコールがこぼれちゃう!!
ズッ

アルコールランプ同士で
火をつけない

持ち運びはダメ〜

火がついた状態で
持ち運ばない

グラグラ
落ちちゃうよ〜

不安定なところに
置かない

燃えやすいものを
近くに置かない

フーッ

吹いて消そうと
しない

ガスバーナーの取り扱い

アルコールランプよりも炎の温度が高く、強い加熱が得意なガスバーナー。火力が強いだけに、より扱いには注意を払いましょう。

使用前のチェック

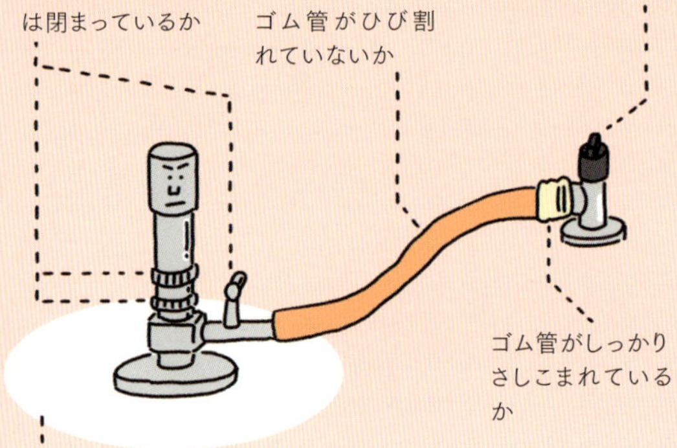
空気調節ねじ、ガス調節ねじ、元栓は閉まっているか
ゴム管がひび割れていないか
元栓は閉まっているか
ゴム管がしっかりさしこまれているか
周りに燃えやすいものがないか

火のつけ方

○
空気量が適切
×
空気量が不足
×
空気量が過剰

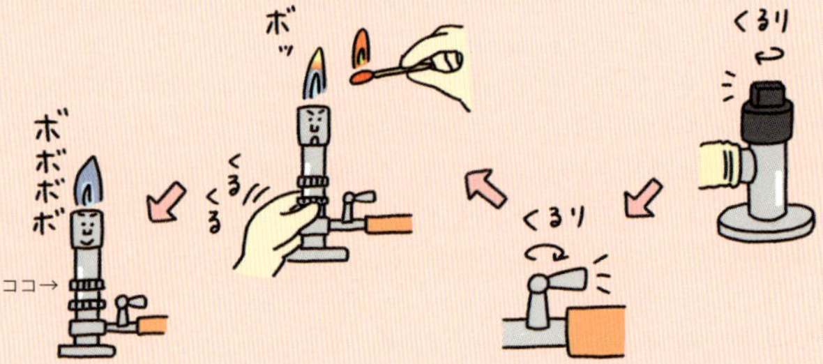
くるり
くるり
ボッ
くるくる
ボボボボ
ココ→

1. ガスの元栓を開ける
2. ガスバーナーの元栓を開ける
3. マッチの火を横から近づけ、ガス調節ねじを左に回して火をつける
4. 空気調節ねじで炎を調節する

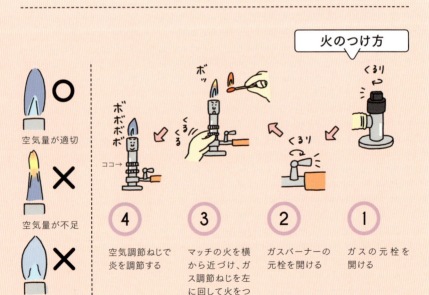

消し方

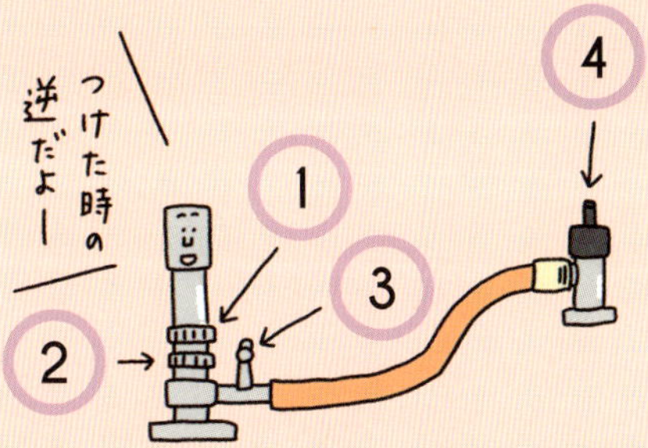

①空気調節ねじを閉める
②ガス調節ねじを閉める
③ガスバーナーの元栓を閉める
④ガスの元栓を閉める

加熱方法

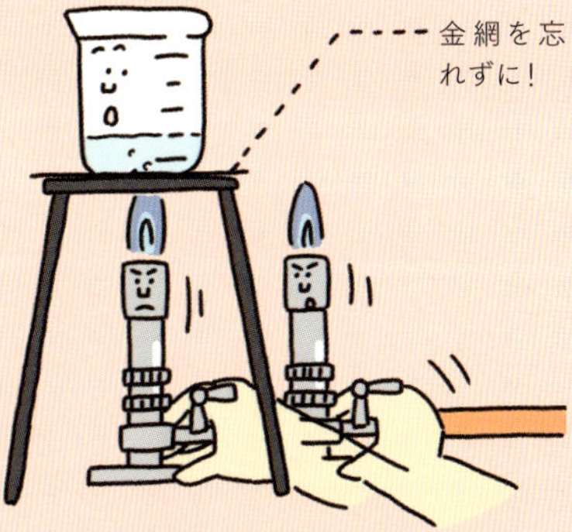

ガスバーナーの下を持ってゆっくりと動かして加熱するものの下に持っていく。終わったらゆっくりと横に出す

やってはダメ

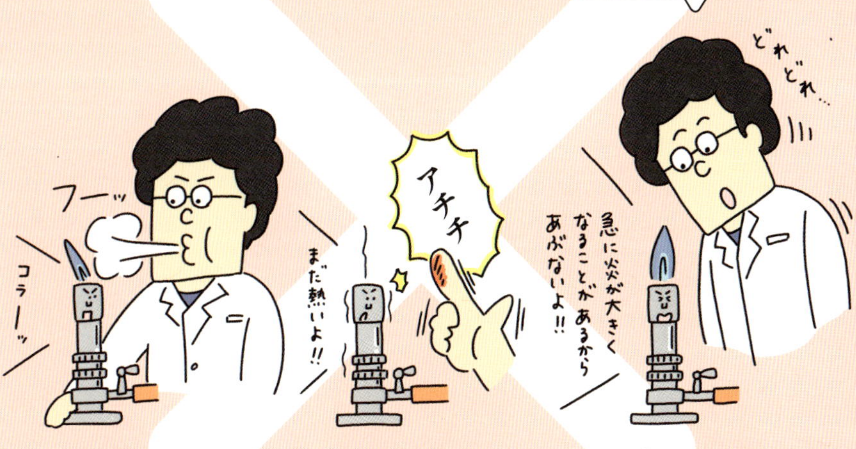

ふいて消さない

消火後もすぐにさわらない

火を上から見てはいけない

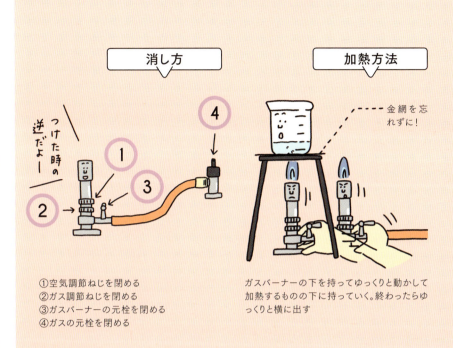

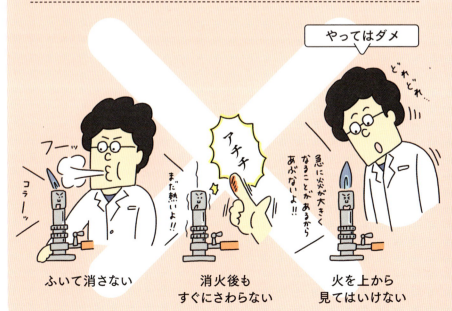

上皿天秤の取り扱い

分銅を使ってモノの重さをはかるのが得意な上皿天秤。精密に作られているのでていねいに扱いましょう。

使い方※

1 はかりたい重さの分銅を乗せる（薬包紙は両方に乗せておく）

2 反対の皿に試薬を乗せていく

3 針のふれ方が左右同じになれば完了

※決められた量をはかり取る場合

片付け方

2枚の皿を片側に重ねて針が動かないようにしておく

やってはダメ

ぬらしてはいけない

ななめになっている場所でははからない

電子天秤の取り扱い

電源さえあればモノの重さをはかることができる電子天秤。水準器内の気泡がいつもずれているのがたまにキズ…

使用前のチェック

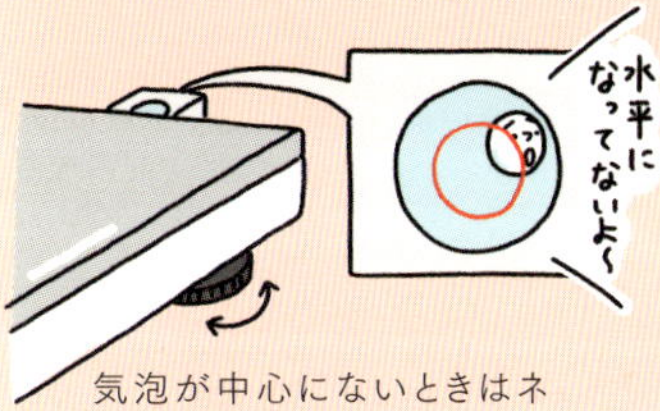

気泡が中心にないときはネジを調整して中心にする

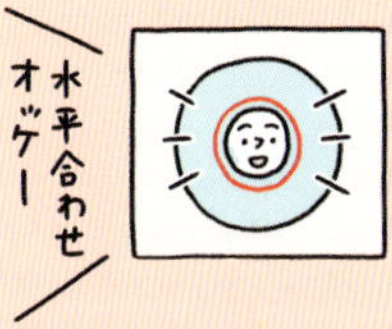

各部の名称

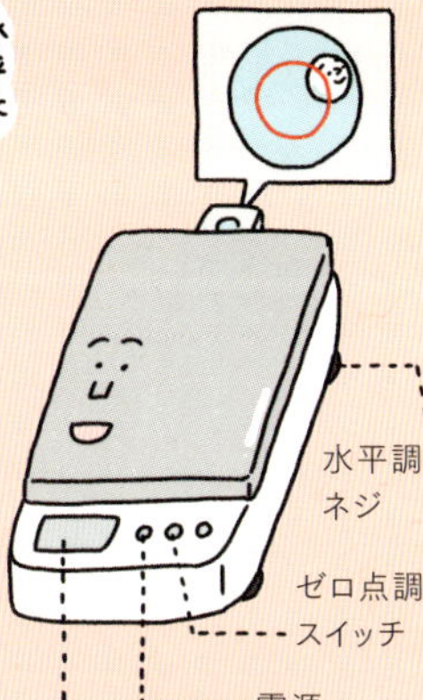

使い方

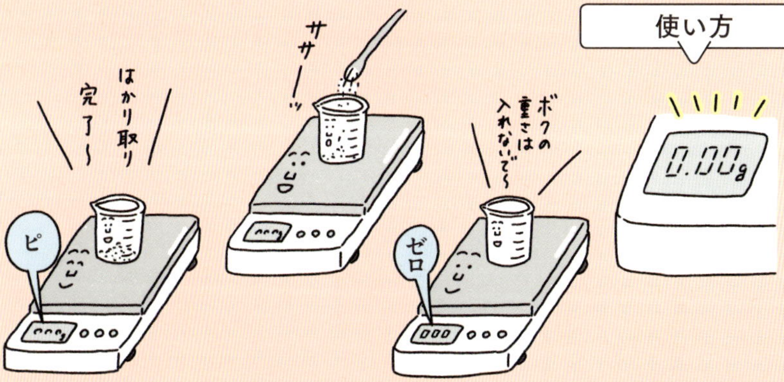

1 電源を入れてゼロ点調整する

2 ビーカーを乗せてゼロ点調整する

3 試薬を入れる

4 目的の重さになれば終了

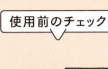

ピペット3種の取り扱い

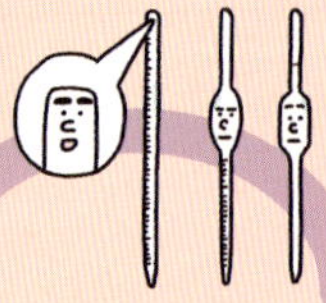

液体をうつし取るのが得意なピペット。異なる3種のピペットと共に活躍する安全ピペッターもご紹介。

各部の名称

安全ピペッター　　**ホールピペット**

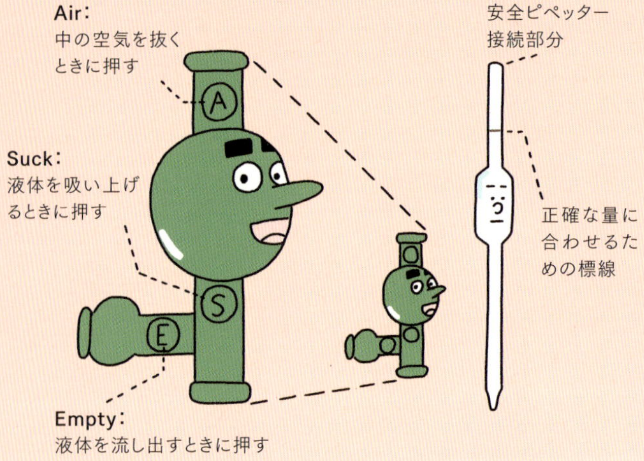
Air：
中の空気を抜くときに押す
Suck：
液体を吸い上げるときに押す
Empty：
液体を流し出すときに押す
安全ピペッター接続部分
正確な量に合わせるための標線

使い方

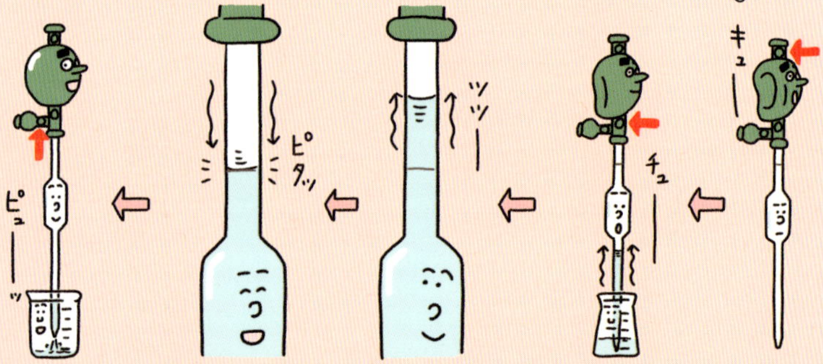
キュー
チュー
ツツー
ピタッ
ピュー
ッ

1. Aと球の部分を押して中の空気を抜く
2. Sを押して液体を吸い上げていく
3. 液面を標線より上にする
4. 液面を下げ標線に合わせる
5. Eを押して別の容器に流し出す

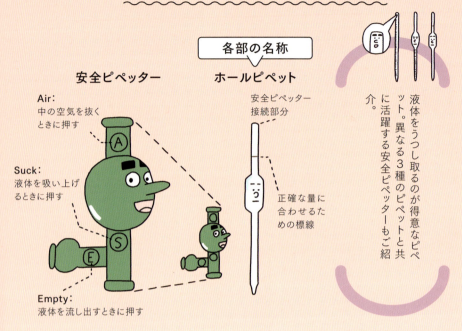

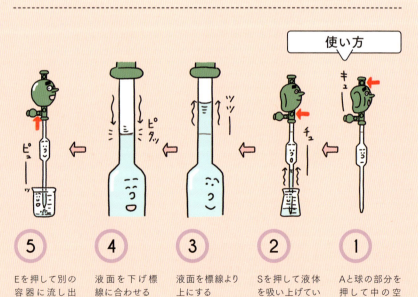

メスピペット

駒込ピペット

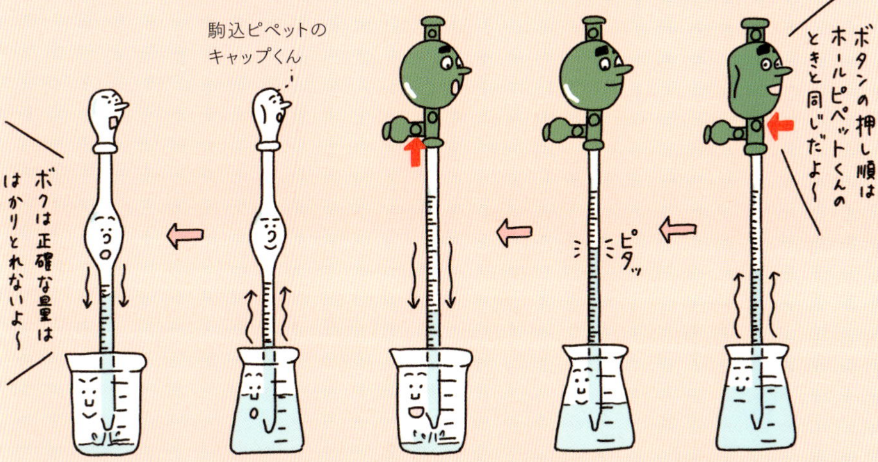

メスピペット

1 液体を吸い上げる

2 ある目盛に合わせる

3 必要な量を流し出す(目盛の差を計算)

駒込ピペット

1 液体を吸い上げる

2 別の容器に流し出す

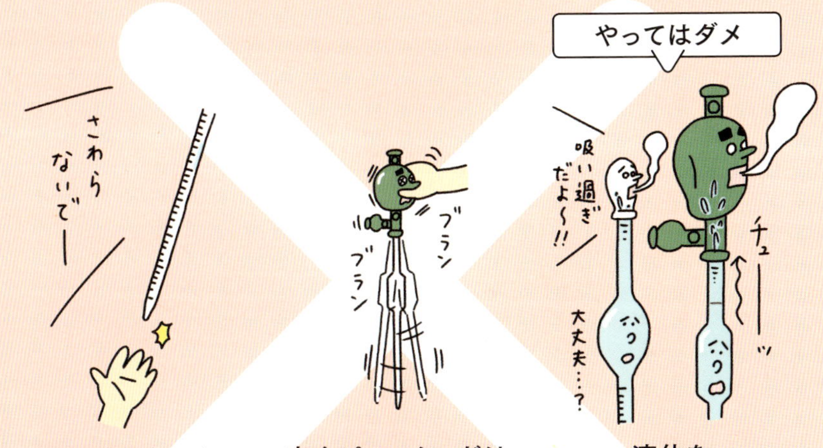

液体を吸い上げ過ぎて、安全ピペッターなどの中に入れない

安全ピペッターだけを持たない

汚れがつくので先端をさわらない

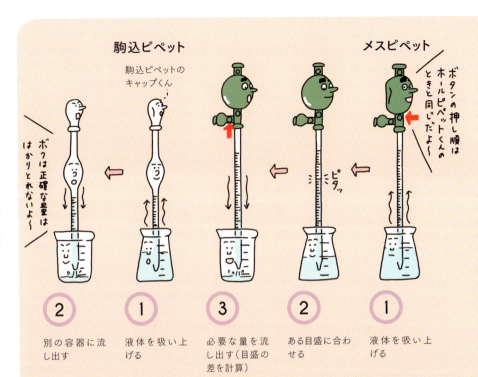

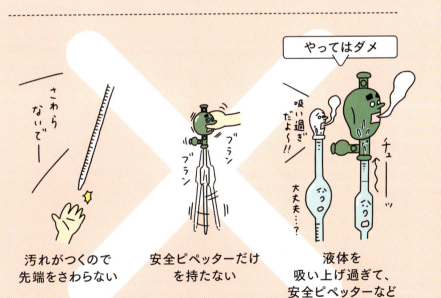

悪い例
実験室
ガヤガヤ
ごちゃごちゃ
ワイワイ
あ!! そういえば沸騰石《ふっとうせき》……
ボン
ビュッ
突沸《とっぷつ》!!
ビシャ
ドン
あつっ
グラ
ボッ
ボボボボボ
キケン

悪い例

ドーン

シュ
プスプス…

こ、こんなことにはならないようにしてね…
プスプスプス
うう…

ビーカーくんメモ

▼実験室は常に整理整頓して正しい方法で実験しよう

COLUMN

つくる実験

次の章のテーマは「つくる実験」です。実はこれ、化学の基本なのですね。たとえばテレビドラマやアニメなどによくある化学者のイメージは、何やら薬品をビーカーやフラスコで混ぜ合わせ、あやしげな物質を合成している…というもの。現代の化学はあやしくはないですが、何かを合成する…つまり「つくる実験」は日々行われています。つくるプロセスそのものが重要である場合もあれば、他の実験のために特定の物質をつくるのが目的だったりします。ま、ひとくちに「つくる」といってもいろいろであるわけです。

科学発展の歴史の中では、いくつもの重要な合成実験がありました。紀元前から17世紀まで盛んだった錬金術の中で、物質の性質や化学的な現象の探求が進展。例えばメソポタミア文明初期の紀元前３０００年頃（シュメール文明の時代）に作られた合金の「青銅」は、化学が世界を変えたひとつの例です。銅にスズを混ぜると融点が下がって加工が容易になるだけでなく、固まると銅よりも硬い…つまり道具や武器の材料として優れた物質になります。後に冶金《やきん》と呼ばれる金属の工学や科学へと発展しました。

また19世紀に急発展した有機化学も、人類の〝知〟の地平線を大きく広げました。特に挙げておきたいのが、１９５３年に行われた「ユーリー－ミラーの実験」です。これは水素や水、メタン、アンモニアなど、原始地球の大気や海洋にあったと（当時に）考えられていた物質を入れたフラスコ内で、落雷に見立てて放電を行うというもの。無機物だけしかない地球に、なぜ有機物の生命が誕生したのかを考える実験でした。結果、生物こそできませんでしたが（これはまだ成功例がありません）、タンパク質の元となるアミノ酸の合成を確認。その後にいろいろな批判があってこれが生命誕生の要因ではないとされていますが、生命起源への考え方を大きく変えた大実験だったといえます。

いま、私たちの身のまわりにはプラスチックをはじめとした合成化学の賜物が溢れています。「つくる実験」は、人類の生活や考え方を変化させて豊かな現代生活を実現した科学文明の基本のひとつでもあるわけです。

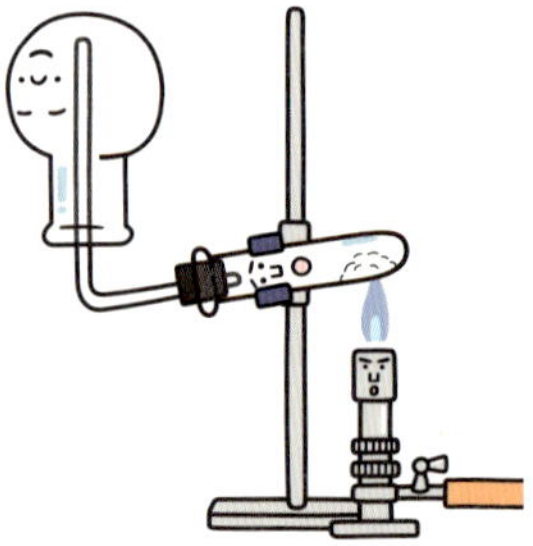

CHAPTER

2 つくる実験

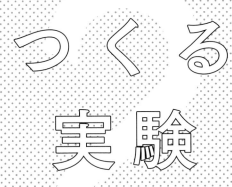

気体の製法と性質を調べる
今回は物質の状態の1つである気体がテーマ
固体
液体
気体
今回の実験
気体を発生させて集め、性質を調べる
memo
気体の特性を理解しよう
ほうほう
①気体を発生させる
うーん
気体をつくるってどうすればいいんだろう
そもそも色々な気体があるし…
その通り!
酸素くん!!
この私にお任せあれ〜
O_2
酸素くん
元素単体で考えると常温常圧で気体の元素は11種類だけなんだけど
気体
化合物
たくさん
単体
H O F
Cl N
プラス
希《き》ガス6つ
計11種
二酸化炭素などの化合物も含めるとたくさんあるのさ
そして、それぞれ化学反応によって発生するんだけど
種類が多すぎるから水素の例をあげるね
O_2
気体発生イメージ（水素の場合）
亜鉛 硫酸 硫酸亜鉛 水素
$Zn + H_2SO_4 \rightarrow ZnSO_4 + H_2\uparrow$
水素
硫酸
ピト
シュワ〜
Zn
亜鉛
フムフム

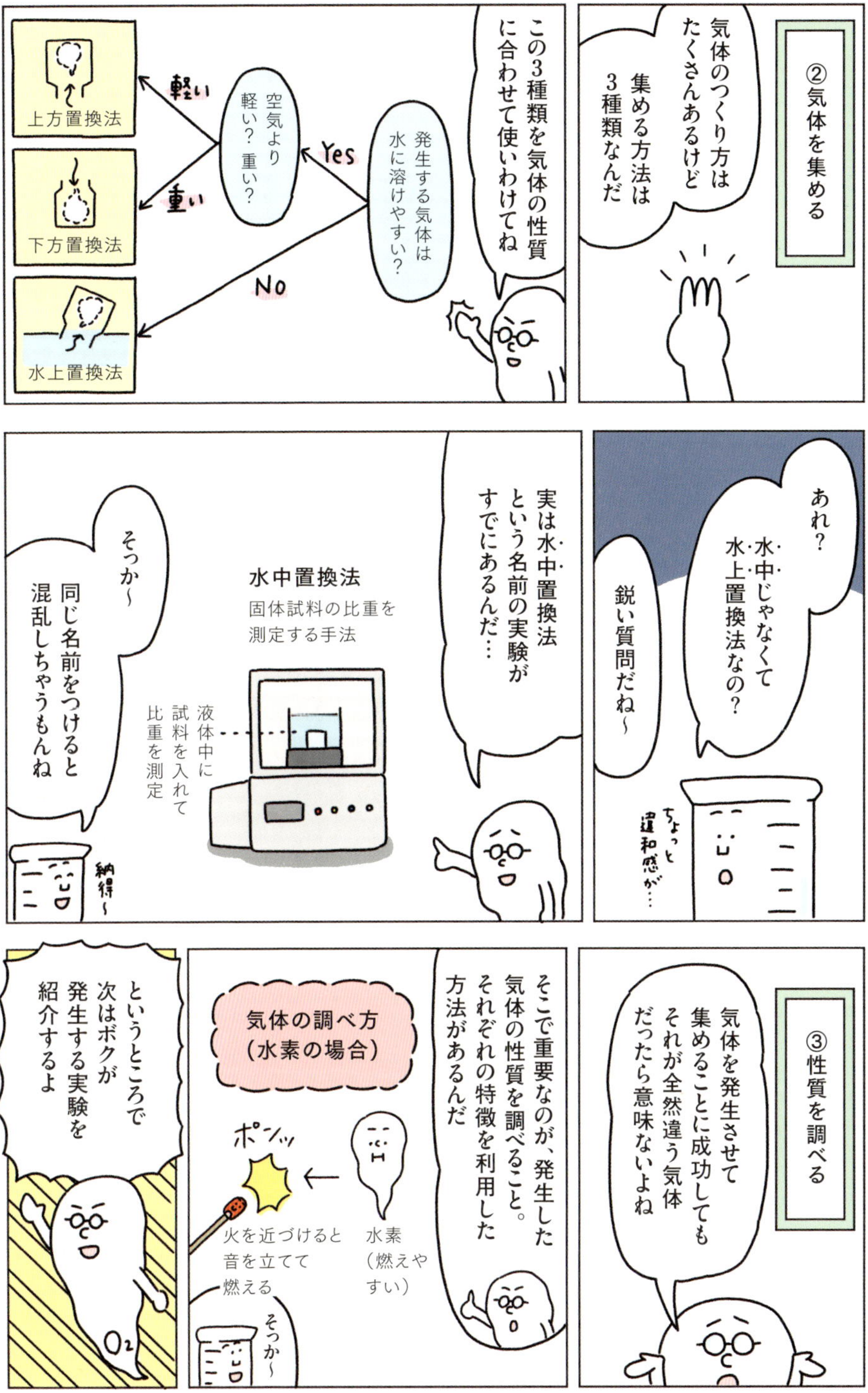
②気体を集める
気体のつくり方はたくさんあるけど
集める方法は3種類なんだ
この3種類を気体の性質に合わせて使いわけてね
発生する気体は水に溶けやすい？
Yes
空気より軽い？重い？
軽い
上方置換法
重い
下方置換法
No
水上置換法
あれ？
水中じゃなくて水上置換法なの？
鋭い質問だね～
ちょっと違和感が…
実は水中置換法という名前の実験がすでにあるんだ…
水中置換法
固体試料の比重を測定する手法
液体中に試料を入れて比重を測定
そっか～
同じ名前をつけると混乱しちゃうもんね
納得～
③性質を調べる
気体を発生させて集めることに成功してもそれが全然違う気体だったら意味ないよね
そこで重要なのが、発生した気体の性質を調べること。それぞれの特徴を利用した方法があるんだ
気体の調べ方（水素の場合）
ポンッ
水素（燃えやすい）
火を近づけると音を立てて燃える
そっか～
ということで次はボクが発生する実験を紹介するよ
O_2

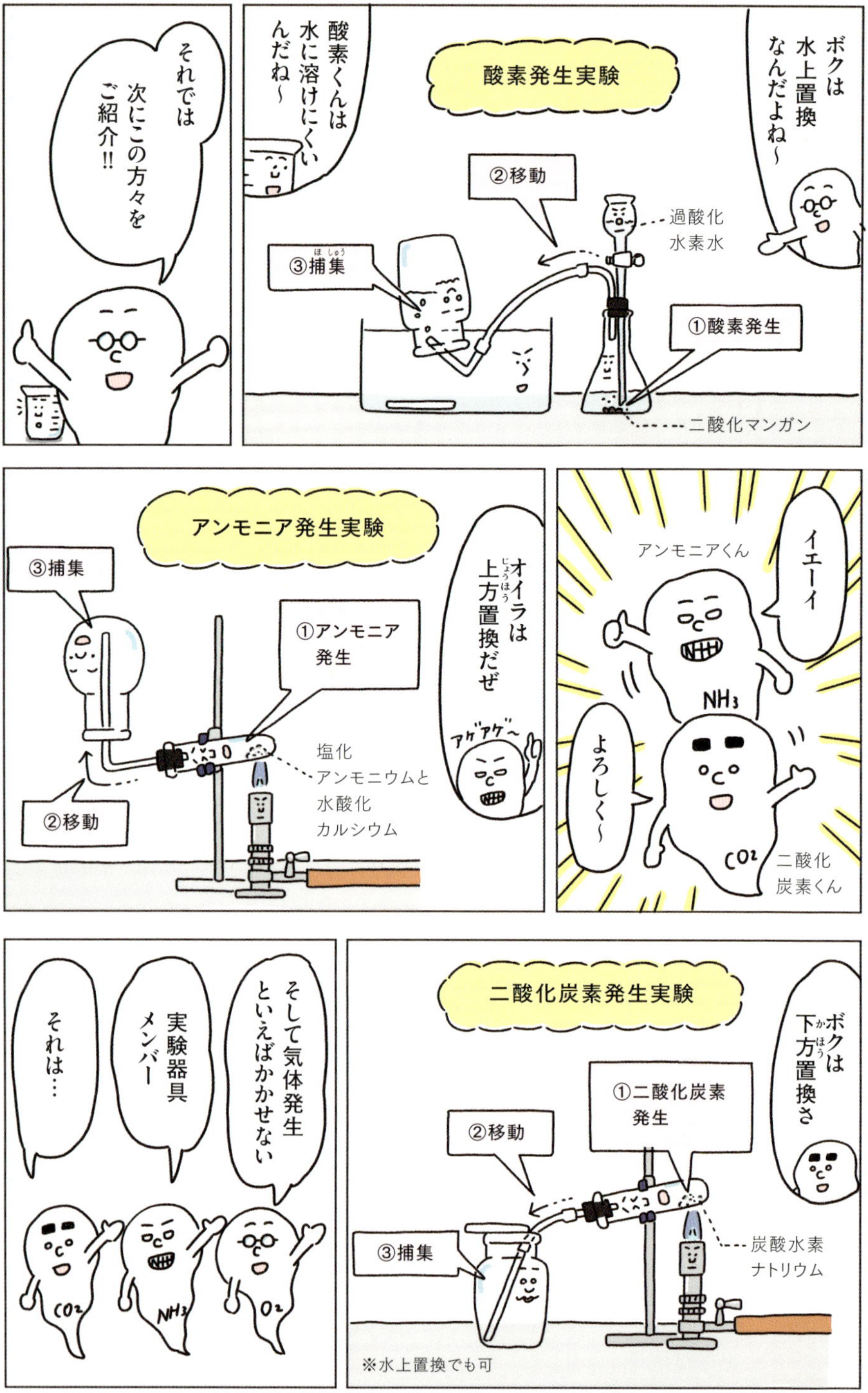
ボクは水上置換なんだよね～
酸素発生実験
過酸化水素水
①酸素発生
二酸化マンガン
②移動
③捕集《ほしゅう》
酸素くんは水に溶けにくいんだね～
それでは次にこの方々をご紹介!!
イエーイ
アンモニアくん
NH_3
よろしく～
CO_2
二酸化炭素くん
オイラは上方《じょうほう》置換だぜ
アゲアゲ～
アンモニア発生実験
③捕集
①アンモニア発生
塩化アンモニウムと水酸化カルシウム
②移動
ボクは下方《かほう》置換さ
二酸化炭素発生実験
①二酸化炭素発生
②移動
炭酸水素ナトリウム
③捕集
※水上置換でも可
そして気体発生といえばかかせない
実験器具メンバー
それは…
CO_2
NH_3
O_2

この方です!!
私、気体発生しかできないです!!
キップの装置くん

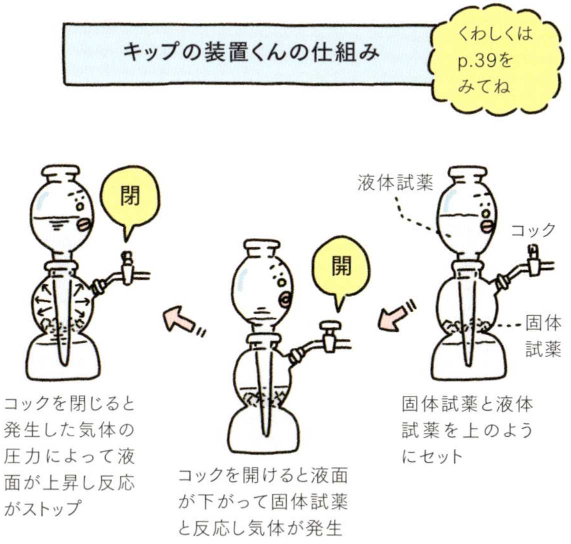
キップの装置くんの仕組み
くわしくはp.39をみてね
液体試薬
コック
固体試薬
固体試薬と液体試薬を上のようにセット
開
コックを開けると液面が下がって固体試薬と反応し気体が発生
閉
コックを閉じると発生した気体の圧力によって液面が上昇し反応がストップ

とまあ、このように気体発生実験にはいろいろあるんだ
NH_3
うんうん
CO_2
O_2
よーし
ボクもやってみよう!!
もえてきたー!!
?
フーフー
息を吐いて二酸化炭素出そうとしてる?
…

キップの装置、カッコイイです。3段鏡餅状態の姿もイイけど、なんたって「気体発生しかできんっ!」という潔さにホレますね。某大学の化学実験の期末試験にも「キップの装置の概要を描き使い方を記せ」という設問が出たことがありました。で、授業をサボりまくってたある学生は「それ、何?」状態。やむなく切符の自動販売機をめちゃめちゃ精密に描いて（まだ自動改札がない時代…笑）なんと合格点をもらったとか…。シャレのわかる先生で、ほんと良かったです～（って、ワタシぢゃないからー!）。

ビーカーくんメモ

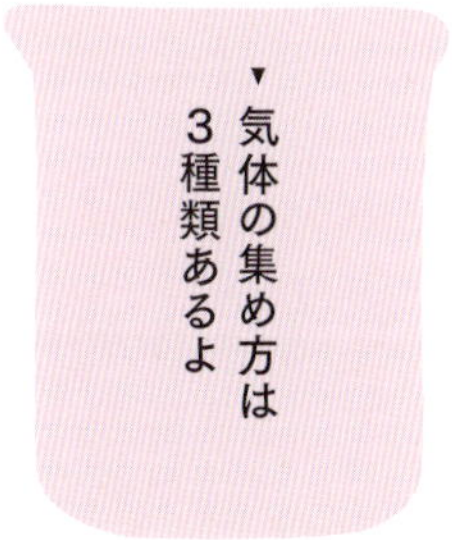
▼気体の集め方は3種類あるよ

酸素の発生実験

実験目的

- **酸素を発生させて捕集し、性質を調べること**

実験手順

①二酸化マンガンを三角フラスコに入れる。
②装置をセットし過酸化水素水を注ぐ。
③発生した酸素を捕集しフタをする。
④捕集したところにロウソクを入れ激しく燃えることを確認する（酸素であることを調べる）。

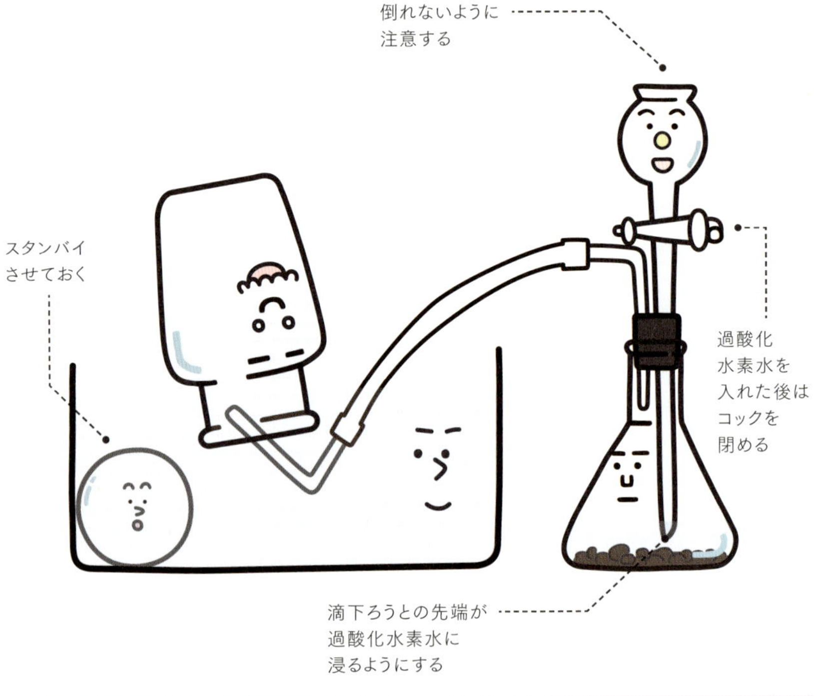
倒れないように
注意する
スタンバイ
させておく
過酸化
水素水を
入れた後は
コックを
閉める
滴下ろうとの先端が
過酸化水素水に
浸るようにする

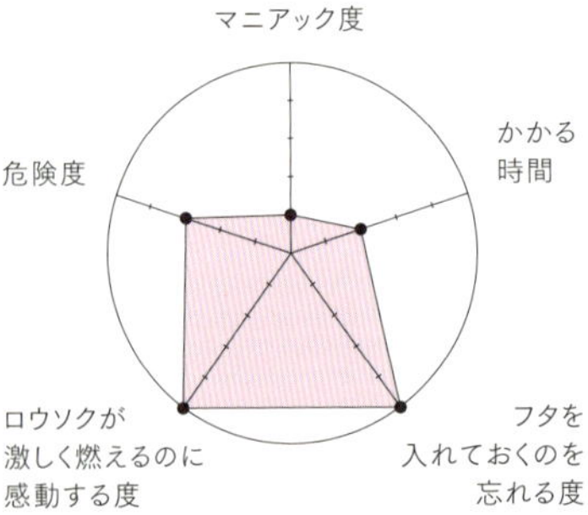
マニアック度
かかる
時間
フタを
入れておくのを
忘れる度
ロウソクが
激しく燃えるのに
感動する度
危険度

ワンポイントアドバイス
Onepoint Advice

**“最初の方に出てくる気体は
三角フラスコくんにはじめから
入ってた空気だから
捕集しないでね”**

アンモニアの発生実験

実験目的

- **アンモニアを発生させて捕集し、性質を調べること**

実験手順

①試験管の中に試薬を入れる。
②装置をセットして加熱をスタート。
③丸底フラスコから刺激臭がしてきたら水でぬらしたリトマス紙をフラスコの口に当て、青色に変化することを確認する（アンモニアであることを調べる）。

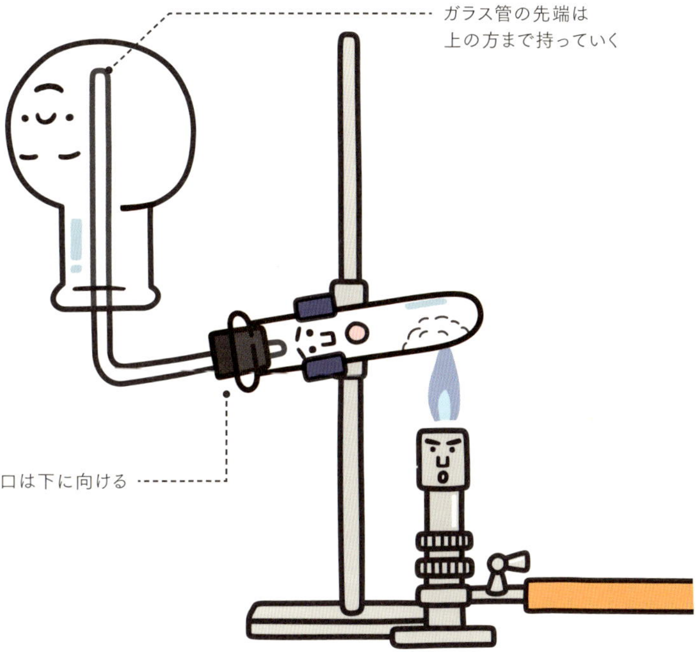
ガラス管の先端は
上の方まで持っていく
口は下に向ける

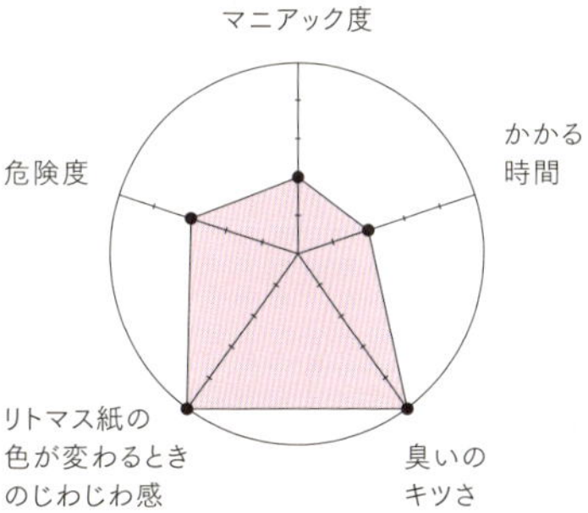
マニアック度
かかる
時間
臭いの
キツさ
リトマス紙の
色が変わるとき
のじわじわ感
危険度

ワンポイントアドバイス
Onepoint
Advice

“アンモニアの臭いを

かぐときは

手であおいでかいでね”

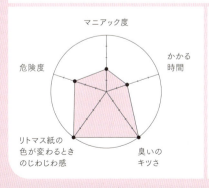

二酸化炭素の発生実験

実験目的

- 二酸化炭素を発生させて捕集し性質を調べること

実験手順

①試験管に炭酸水素ナトリウムを入れる。
②装置をセットし加熱をスタート。
③反応してから数分後、集気ビンにフタをする。
④集気ビンに石灰水をさっと入れよく振り、白くにごることを確認する（二酸化炭素であることを調べる）。

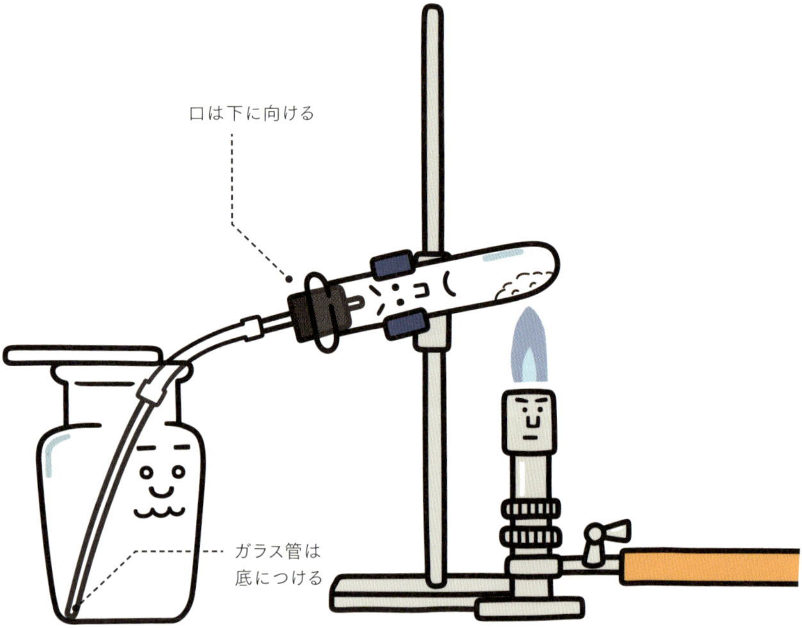

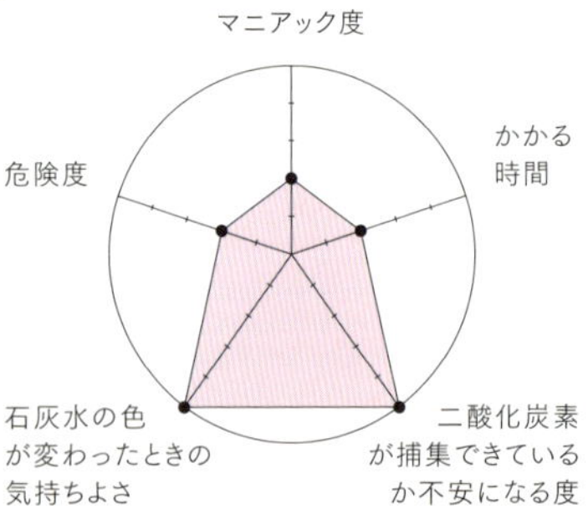

ワンポイントアドバイス
Onepoint Advice

“高純度の二酸化炭素を捕集したい場合は水上置換にしよう”

{ 身の周りの気体たち }

いろいろ
だね~

ボクが固体に
なったものが
ドライアイスさ
CO_2

二酸化炭素

- 無色無臭
- 空気より重い
- 石灰水と反応して白くにごる
- 炭酸水に溶けている

シュワ
シュワ

液体窒素として
リニアモーターカー
にも使われているよ
N_2

窒素

- 無色無臭
- 空気より軽い
- スプレー製品の噴射剤に使われている

シューッ

宇宙で最も
多いらしいよ…
H
H_2

水素

- 無色無臭
- 空気より非常に軽い
- 爆発性がある
- ロケットの燃料に利用

ゴゴゴ

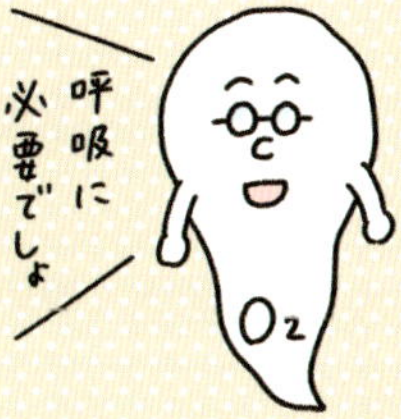
呼吸に
必要でしょ
O_2

酸素

- 無色無臭
- 空気より重い
- 液体になると磁性をもつ
- ガス溶接に用いられる

ジジジ

キケンだぜ~
H_2S

硫化水素

- 無色
- 腐卵臭
- 空気より重い
- 火山ガスに含まれる

宇宙では水素くん
に次いで2番目に
多いらしいよ…
He
He

ヘリウム

- 無色無臭
- 空気より軽い
- 元素の中で最も沸点が低い（-269℃）
- 風船の充填ガスとしても利用される

キップの装置くん

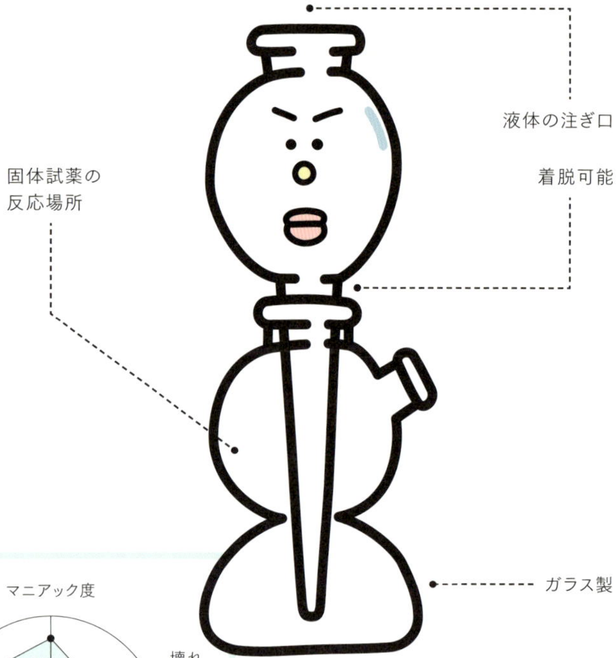
液体の注ぎ口
着脱可能
固体試薬の
反応場所
ガラス製

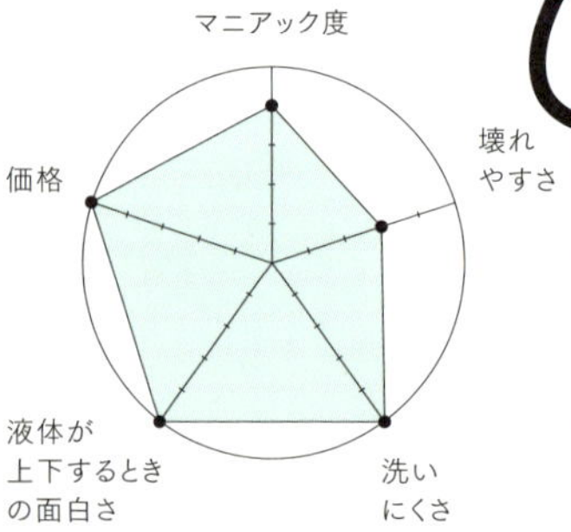
マニアック度
壊れ
やすさ
洗い
にくさ
液体が
上下するとき
の面白さ
価格

正式名称 キップの装置
(Kipp's apparatus)

得意技 固体試薬と液体試薬を反応させること。

キャラ特性 最近あまり活躍していないからか謙虚になっている。

実験仲間

薬さじくん

ビーカーくん

シリコン栓ちゃん

ドラフトさん

{ キップの装置の使用方法 }

詳細

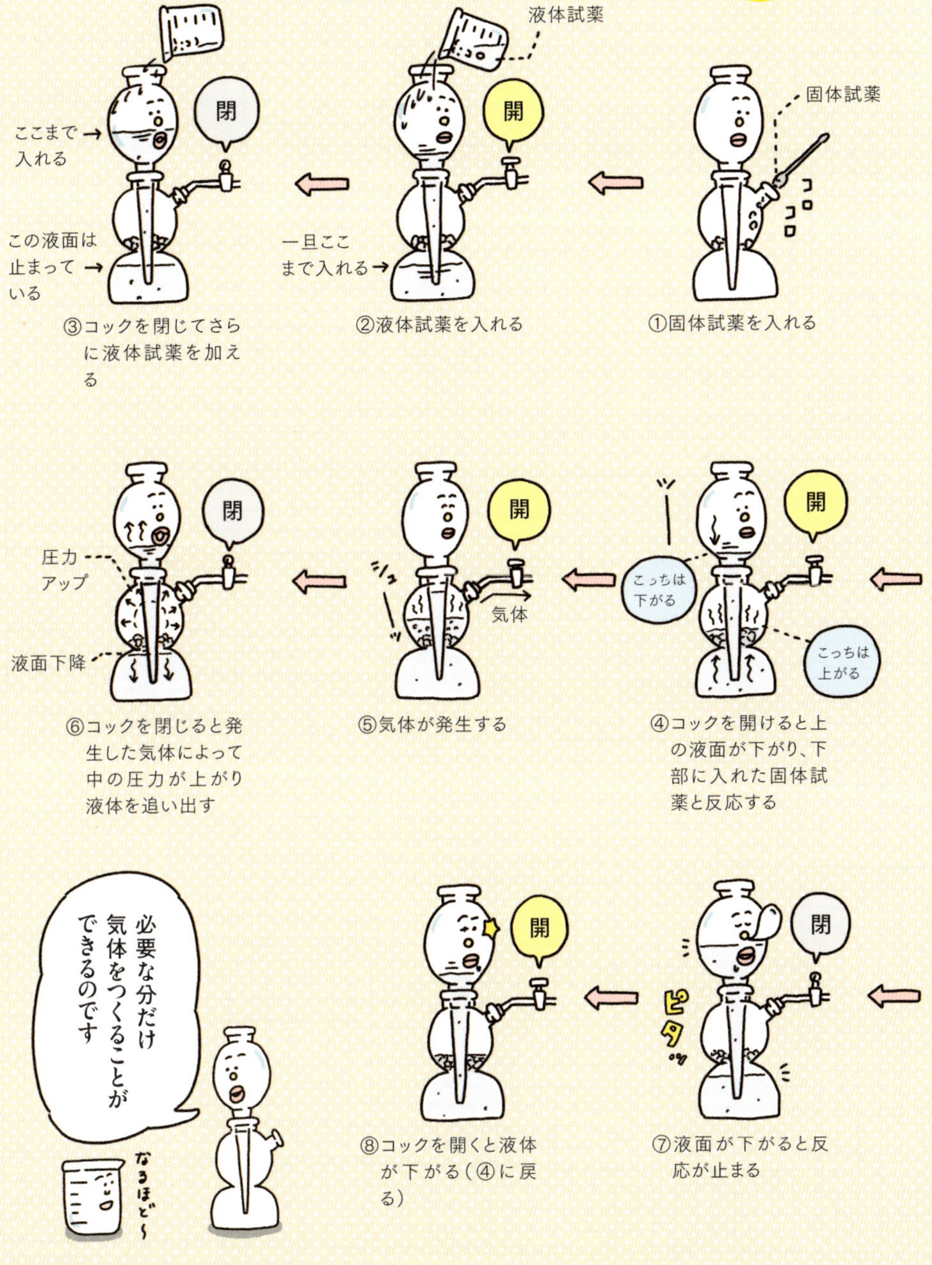
固体試薬
コロ
コロ
①固体試薬を入れる
液体試薬
開
一旦ここまで入れる
②液体試薬を入れる
閉
ここまで入れる
この液面は止まっている
③コックを閉じてさらに液体試薬を加える
ツ
開
こっちは下がる
こっちは上がる
④コックを開けると上の液面が下がり、下部に入れた固体試薬と反応する
開
シュ
ッ
気体
⑤気体が発生する
閉
圧力アップ
液面下降
⑥コックを閉じると発生した気体によって中の圧力が上がり液体を追い出す
閉
ピタッ
⑦液面が下がると反応が止まる
開
⑧コックを開くと液体が下がる（④に戻る）
必要な分だけ気体をつくることができるのです
なるほど〜

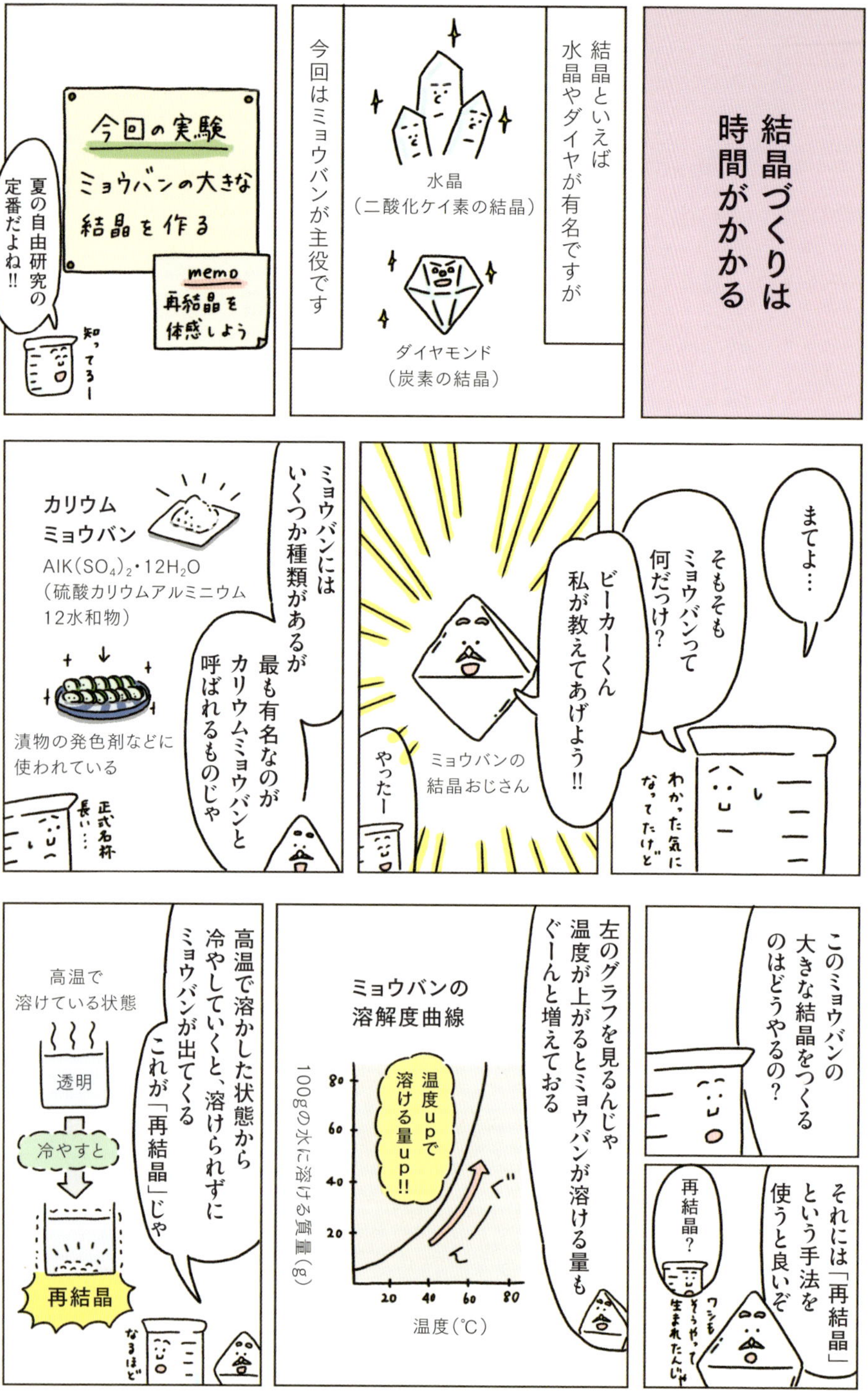
結晶づくりは時間がかかる
結晶といえば水晶やダイヤが有名ですが
水晶
（二酸化ケイ素の結晶）
ダイヤモンド
（炭素の結晶）
今回はミョウバンが主役です
今回の実験
ミョウバンの大きな結晶を作る
memo
再結晶を体感しよう
夏の自由研究の定番だよね!!
知ってるー
まてよ…
そもそもミョウバンって何だっけ?
わかった気になってたけど
ビーカーくん私が教えてあげよう!!
ミョウバンの結晶おじさん
やったー
ミョウバンにはいくつか種類があるが
最も有名なのがカリウムミョウバンと呼ばれるものじゃ
カリウムミョウバン
$AlK(SO_4)_2 \cdot 12H_2O$
（硫酸カリウムアルミニウム12水和物）
漬物の発色剤などに使われている
正式名称長い…
このミョウバンの大きな結晶をつくるのはどうやるの?
それには「再結晶」という手法を使うと良いぞ
再結晶?
ワシもそうやって生まれたんじゃ
左のグラフを見るんじゃ温度が上がるとミョウバンが溶ける量もぐーんと増えておる
ミョウバンの溶解度曲線
温度upで溶ける量up!!
ぐーん
100gの水に溶ける質量(g)
80
60
40
20
20
40
60
80
温度(℃)
高温で溶かした状態から冷やしていくと、溶けられずにミョウバンが出てくる
これが「再結晶」じゃ
高温で溶けている状態
透明
冷やすと
再結晶
なるほど

ミョウバンの結晶生成手順

では実験の手順を説明しようかの
発泡スチロールの箱くん
①ミョウバンの飽和水溶液をつくって一日静置
②底に出た結晶から形の良いものを選び種結晶とする
60℃
30℃
③水溶液を加熱し30℃まで冷やす
④③のところに種結晶をつるして静置
何回やるの〜
⑤③④を繰り返し結晶を大きくする
実験完了
ヤッホー

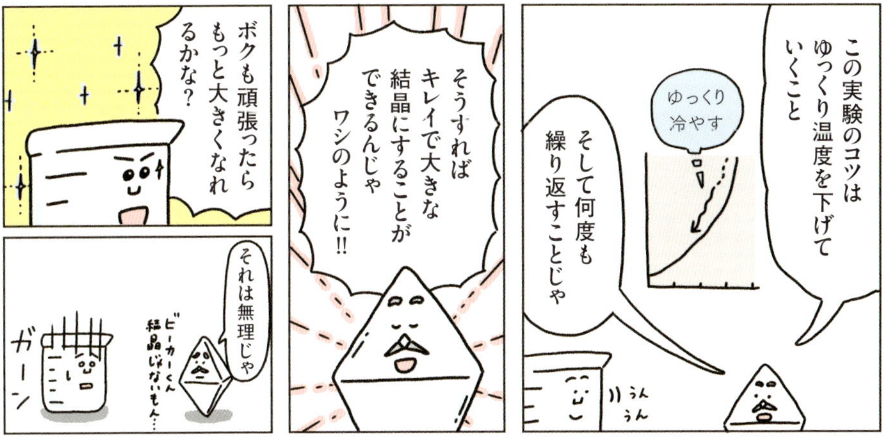
この実験のコツはゆっくり温度を下げていくこと
ゆっくり冷やす
そして何度も繰り返すことじゃ
うんうん
そうすればキレイで大きな結晶にすることができるんじゃワシのように!!
ボクも頑張ったらもっと大きくなれるかな?
それは無理じゃ
ビーカーくん結晶じゃないもん…
ガーン

結晶おじさんも言っているように、ミョウバンの結晶づくりでは「いかにゆっくり温度を下げるか」が重要です。実験室なら温度調節できる装置…恒温器がありますが、ふつーの家庭にはふつーはないです。で、思いついたのがこたつ。タネ結晶を仕込んだらビーカーを発泡スチロールの箱に入れてこたつに収納。温度調節を最高から数時間おきに少しずつ下げていくと、数日で巨大な結晶がつくれます。ただし、蹴ってひっくり返すと悲惨な冬になります（実話…笑）。

ビーカーくんメモ

▼ミョウバンの正式名称って長いんだね

ミョウバンの結晶生成実験

実験目的

- **ミョウバンの結晶をつくること**

実験手順

①ミョウバンの飽和《ほうわ》水溶液を作り発泡スチロールの箱に入れて1日静置。
②底にできた結晶から形の良いものを選び種結晶とする。
③水溶液を加熱して全て溶かした後、30℃まで冷却。
④種結晶を③の水溶液につるし、①と同条件で静置《せいち》。
⑤静置後③④を繰り返し結晶を大きくする。

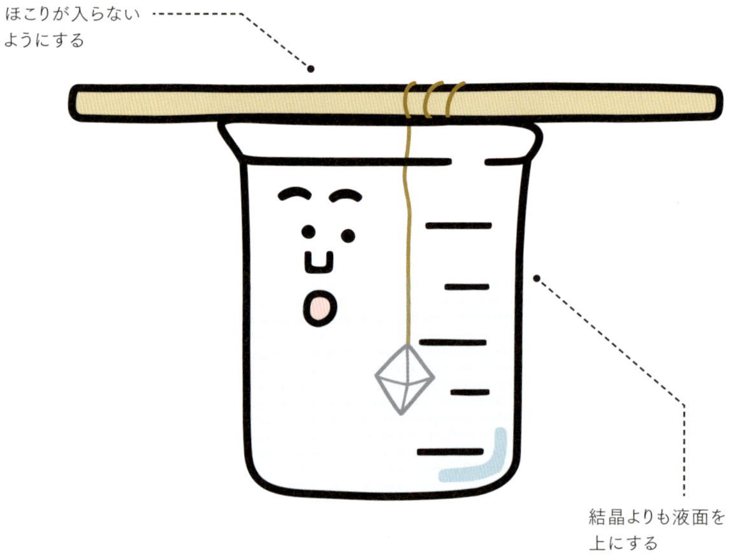
ほこりが入らない
ようにする
結晶よりも液面を
上にする

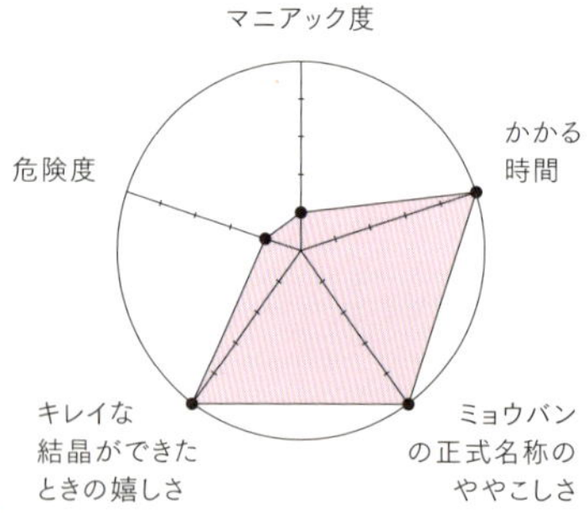
マニアック度
かかる
時間
ミョウバン
の正式名称の
ややこしさ
キレイな
結晶ができた
ときの嬉しさ
危険度

ワンポイントアドバイス
Onepoint
Advice

“ほこりが入るとそれが核になって
バラバラに結晶ができちゃうよ
発泡スチロールの箱の
フタを忘れずに閉めよう”

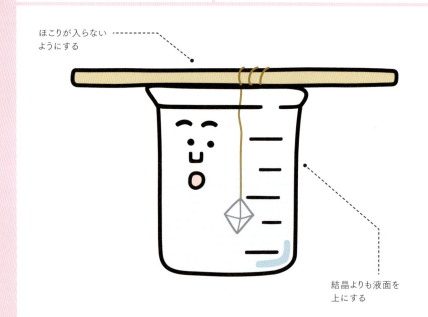

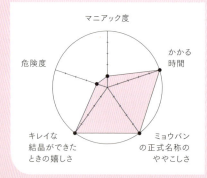

ミョウバンの結晶おじさん

正式名称 硫酸カリウムアルミニウム・12水和物の結晶
(crystal of aluminum potassium sulfate dodecahydrate)

得意技 結晶の美しさを伝えること。

キャラ特性 形はとんがっているが心はやさしいおじさん。

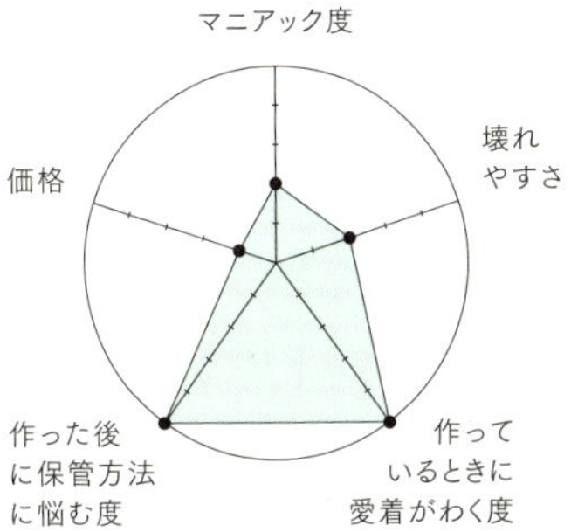
マニアック度
壊れやすさ
作っているときに愛着がわく度
作った後に保管方法に悩む度
価格

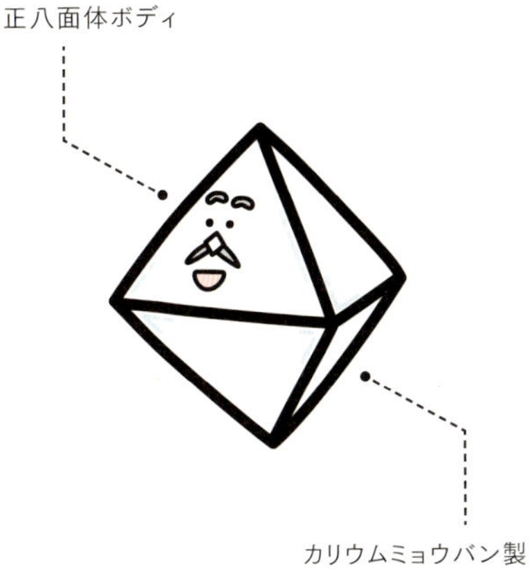
正八面体ボディ
カリウムミョウバン製

発泡スチロールの箱くん

正式名称 発泡スチロールの箱
(styrofoam box)

得意技 保温すること。

キャラ特性 思いついたことを言わずにためこむタイプ。

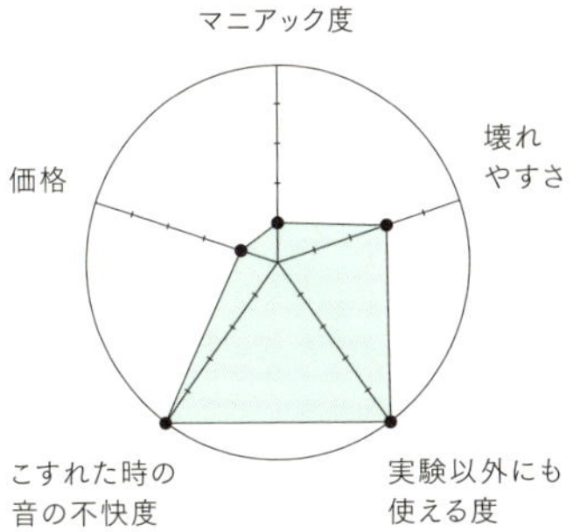
マニアック度
壊れやすさ
実験以外にも使える度
こすれた時の音の不快度
価格

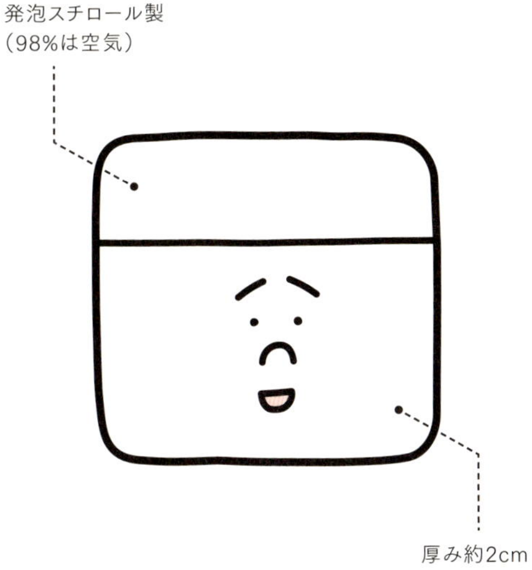
発泡スチロール製
(98%は空気)
厚み約2cm

気体たちの悩み

ビーカーくんメモ

▼腐卵臭がするのは硫化水素くんだけだね…

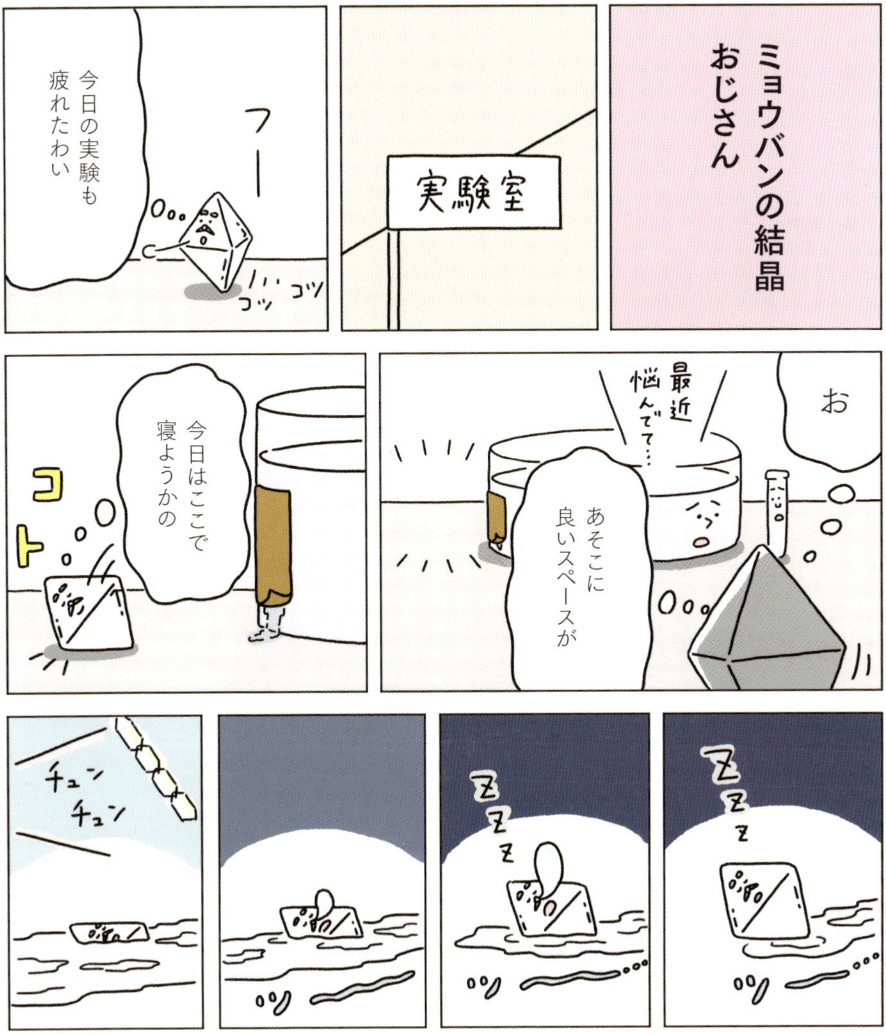

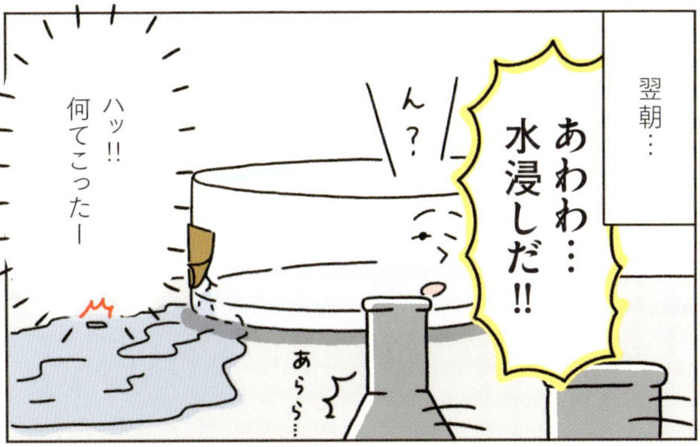

ビーカーくんメモ

▼結晶は水にぬれると溶けるよ

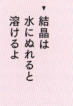

せっけんちゃん登場

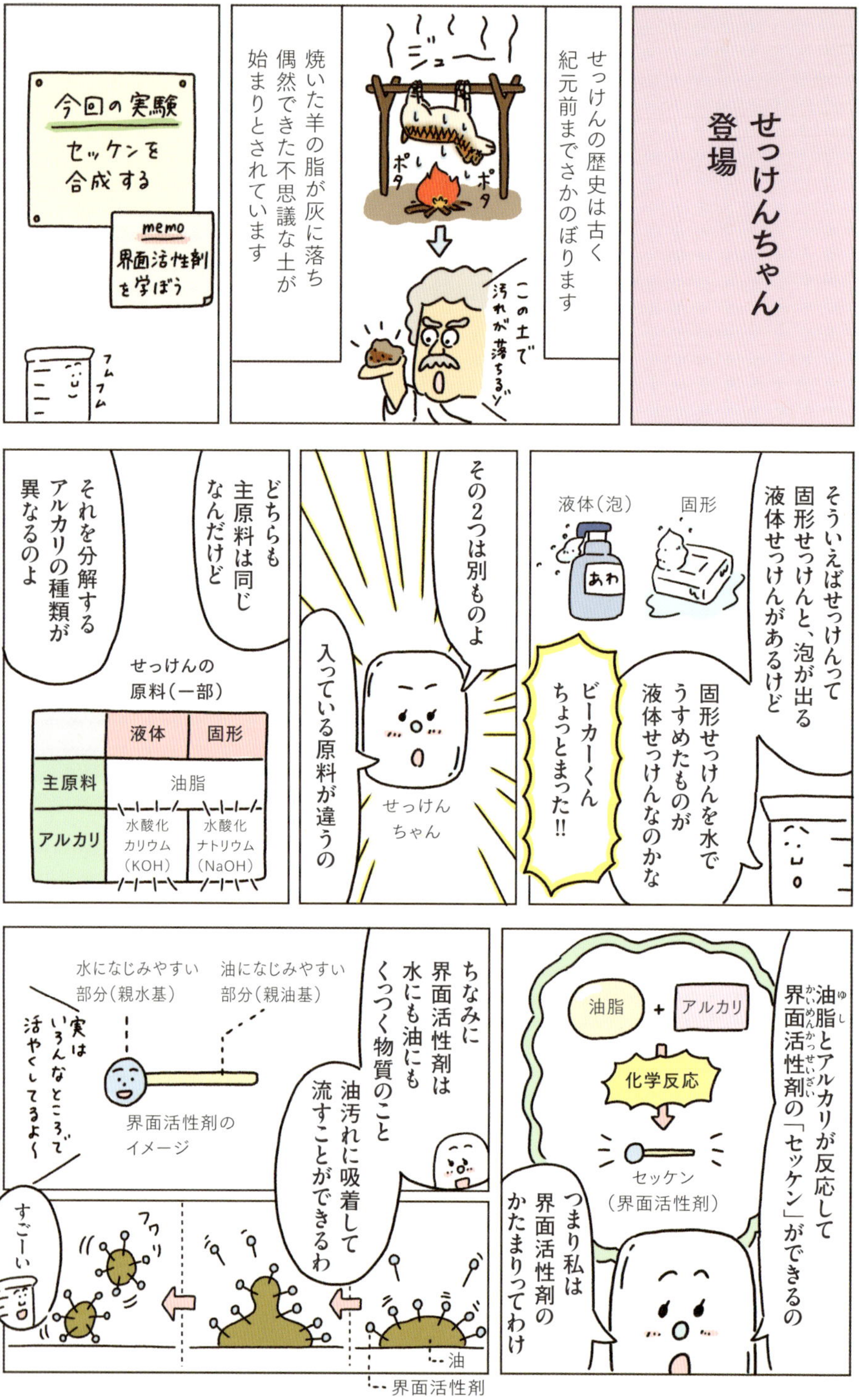
せっけんちゃん
登場
せっけんの歴史は古く紀元前までさかのぼります
ジュ〜
ポタ
ポタ
焼いた羊の脂が灰に落ち偶然できた不思議な土が始まりとされています
この土で汚れが落ちるゾ
今回の実験
セッケンを合成する
memo
界面活性剤を学ぼう
フムフム
そういえばせっけんって固形せっけんと、泡が出る液体せっけんがあるけど
固形
液体（泡）
あわ
固形せっけんを水でうすめたものが液体せっけんなのかな
ビーカーくんちょっとまった!!
その2つは別ものよ
入っている原料が違うの
せっけんちゃん
どちらも主原料は同じなんだけど
それを分解するアルカリの種類が異なるのよ
せっけんの原料（一部）
液体
固形
主原料
油脂
アルカリ
水酸化カリウム（KOH）
水酸化ナトリウム（NaOH）
油脂《ゆし》とアルカリが反応して界面活性剤《かいめんかっせいざい》の「セッケン」ができるの
油脂
+
アルカリ
化学反応
セッケン（界面活性剤）
つまり私は界面活性剤のかたまりってわけ
ちなみに界面活性剤は水にも油にもくっつく物質のこと
水になじみやすい部分（親水基）
油になじみやすい部分（親油基）
界面活性剤のイメージ
実はいろんなところで活やくしてるよ〜
油汚れに吸着して流すことができるわ
油
界面活性剤
フワリ
すご〜い

※合成：化学反応によって、目的の化合物をつくること

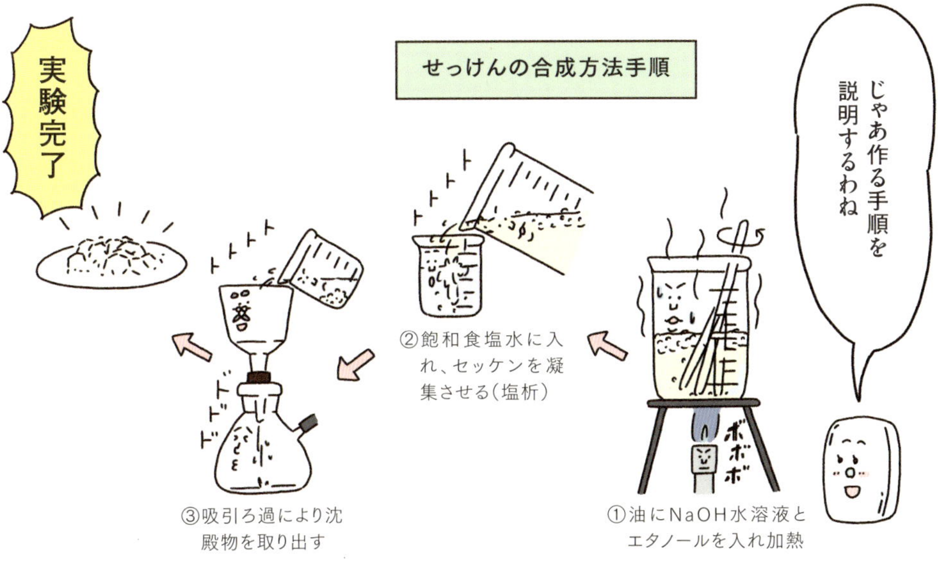
せっけんの合成方法手順
じゃあ作る手順を説明するわね
ボボボ
①油にNaOH水溶液とエタノールを入れ加熱
トトトトト
②飽和食塩水に入れ、セッケンを凝集させる（塩析）
トトトトト
ドドドド
③吸引ろ過により沈殿物を取り出す
実験完了

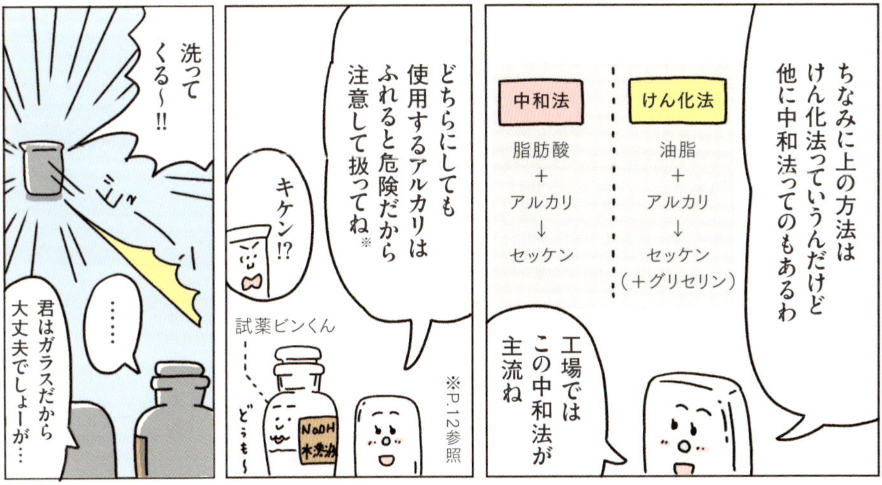
ちなみに上の方法はけん化法っていうんだけど他に中和法ってのもあるわ
けん化法
油脂
＋
アルカリ
↓
セッケン
（＋グリセリン）
中和法
脂肪酸
＋
アルカリ
↓
セッケン
工場ではこの中和法が主流ね
どちらにしても使用するアルカリはふれると危険だから注意して扱ってね※
キケン!?
試薬ビンくん
どうも～
NaOH水溶液
※P.12参照
洗ってくる～!!
……
君はガラスだから大丈夫でしょーが…

せっけんづくりは楽しい実験ですが、水酸化ナトリウムなどのアルカリ薬品の扱いに気を使います。少し安全なオルトケイ酸ナトリウムを使う方法もあり、こちらは火も使わないので子供でも安全に楽しめる実験。廃油のエコ処理も学べるため、せっけんづくりが流行したこともありました。ただ、天ぷらの廃油でつくると、できたせっけんも天ぷら臭いです。何かを洗うと、手も洗った物も超天ぷら臭…。夕ご飯にはアッサリした物しか食べられなくなります。きれいなせっけんをつくるには、きれいな油が必要なのです。

ビーカーくんメモ

▼液体せっけんは固形せっけんをうすめたものじゃない

せっけんの合成実験

実験目的

- **せっけんを合成すること**

実験手順

①やし油に水酸化ナトリウム水溶液、エタノールを入れ、加熱。
②飽和食塩水に①の液体を入れる（塩析）。
③吸引ろ過をしてせっけんを取り出す。

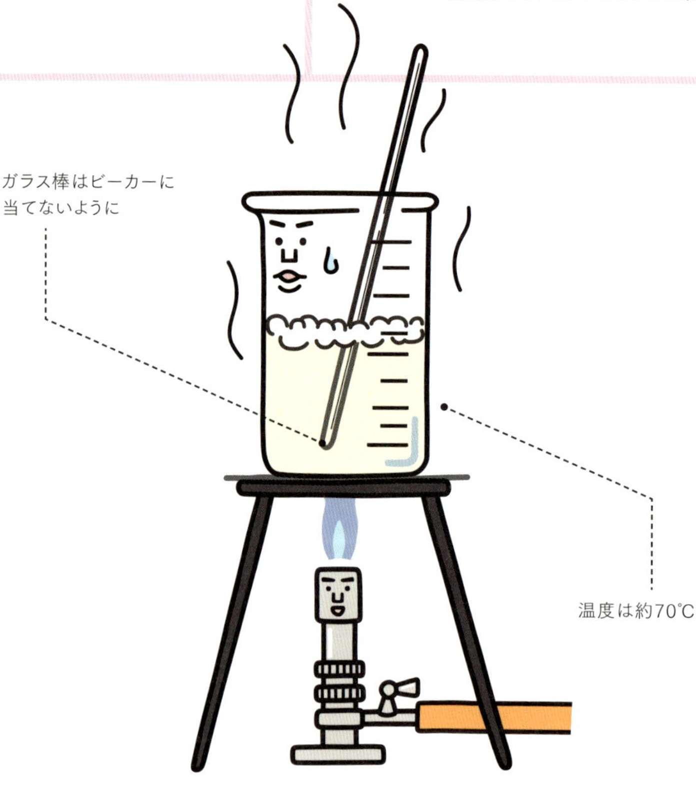
ガラス棒はビーカーに当てないように
温度は約70℃

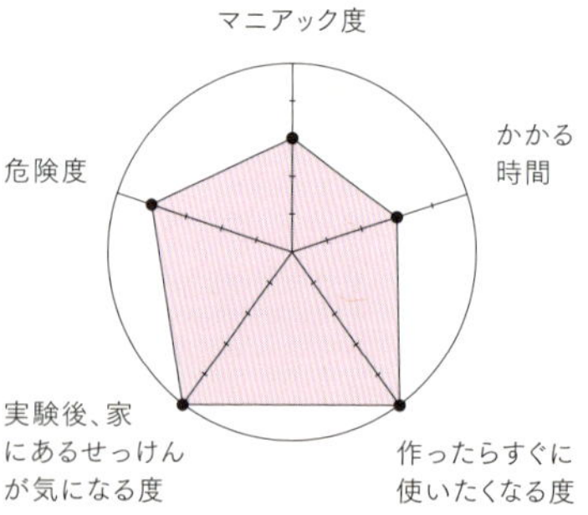
マニアック度
かかる時間
作ったらすぐに使いたくなる度
実験後、家にあるせっけんが気になる度
危険度

ワンポイントアドバイス
Onepoint Advice

“エタノールは油とアルカリのなじみを良くするんだ”

せっけんちゃん

正式名称	せっけん（soap）
得意技	汚れを落としてキュッとさせること。
キャラ特性	普段はやさしいがツッコミはきびしめ。

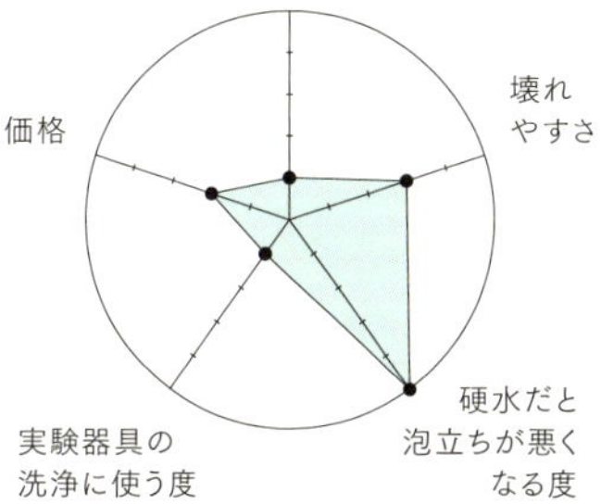
マニアック度
壊れやすさ
硬水だと泡立ちが悪くなる度
実験器具の洗浄に使う度
価格

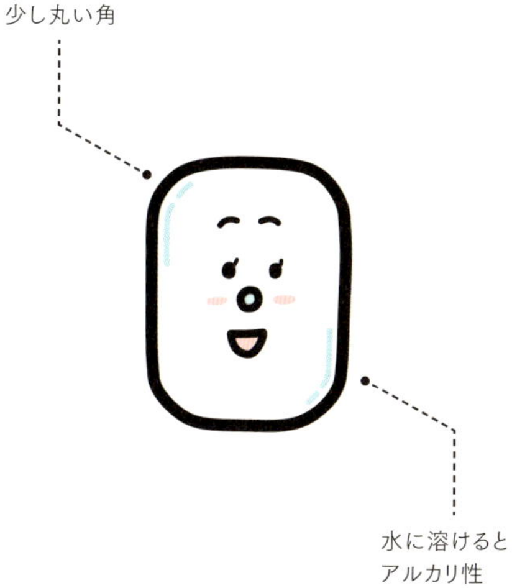
少し丸い角
水に溶けるとアルカリ性

｛界面活性剤が入っているモノ｝

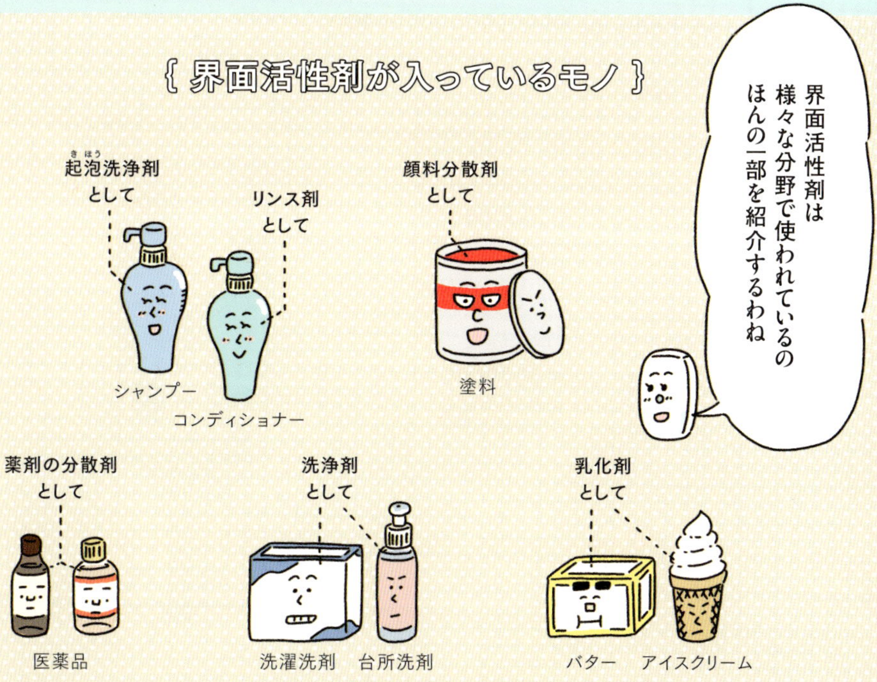
界面活性剤は様々な分野で使われているのほんの一部を紹介するわね
起《き》泡《ほう》洗浄剤として
リンス剤として
シャンプー
コンディショナー
顔料分散剤として
塗料
薬剤の分散剤として
医薬品
洗浄剤として
洗濯洗剤
台所洗剤
乳化剤として
バター
アイスクリーム

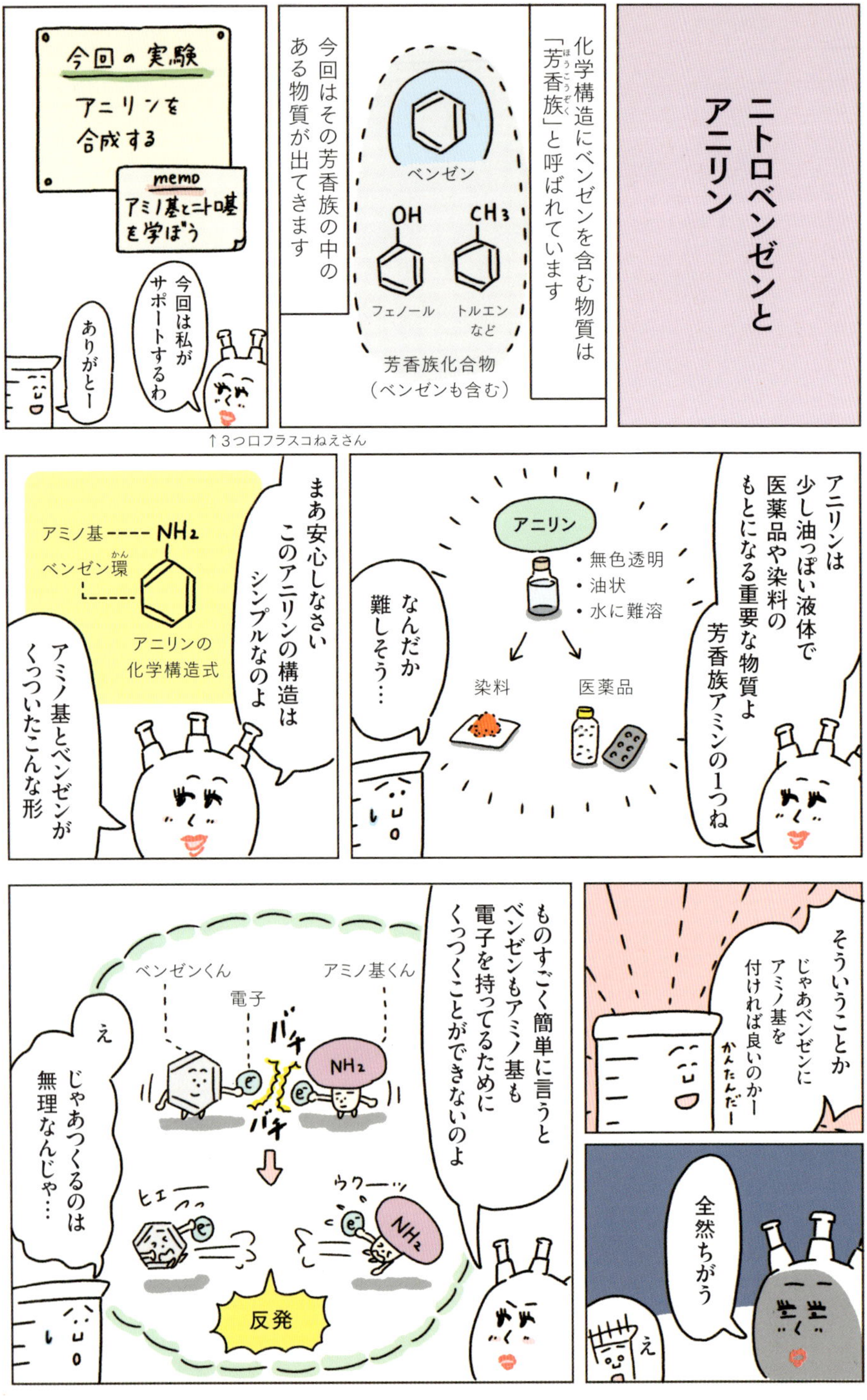
ニトロベンゼンとアニリン
化学構造にベンゼンを含む物質は「芳香族《ほうこうぞく》」と呼ばれています
ベンゼン
OH
CH3
フェノール
トルエン など
芳香族化合物（ベンゼンも含む）
今回はその芳香族の中のある物質が出てきます
今回の実験 アニリンを合成する
memo アミノ基とニトロ基を学ぼう
今回は私がサポートするわ
ありがとー
↑3つ口フラスコねえさん
アニリンは少し油っぽい液体で医薬品や染料のもとになる重要な物質よ
芳香族アミンの1つね
アニリン
・無色透明
・油状
・水に難溶
染料
医薬品
なんだか難しそう…
まあ安心しなさい このアニリンの構造はシンプルなのよ
アミノ基
NH2
ベンゼン環《かん》
アニリンの化学構造式
アミノ基とベンゼンがくっついたこんな形
そういうことか
じゃあベンゼンにアミノ基を付ければ良いのかー
かんたんだー
全然ちがう
え
ものすごく簡単に言うとベンゼンもアミノ基も電子を持ってるためにくっつくことができないのよ
ベンゼンくん
電子
アミノ基くん
バチ
バチ
NH2
ヒエーっっ
ウクーッ
反発
え
じゃあつくるのは無理なんじゃ…

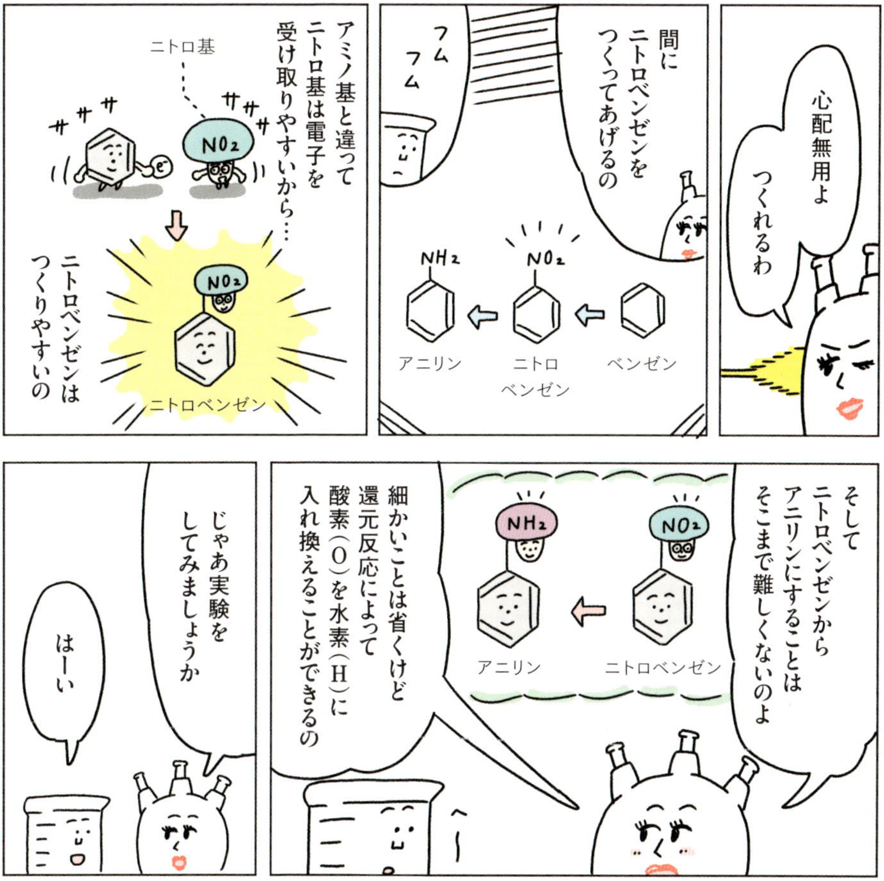

ニトロベンゼンの合成実験手順

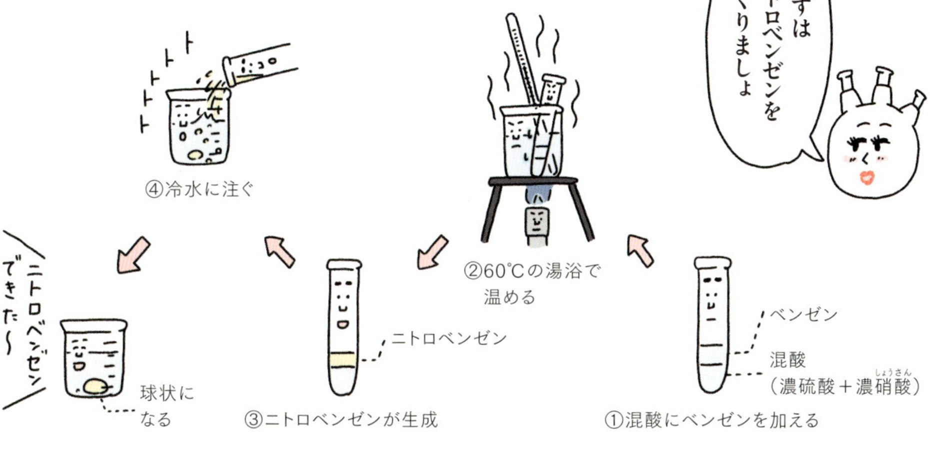

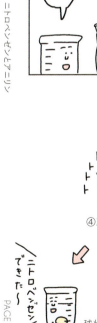

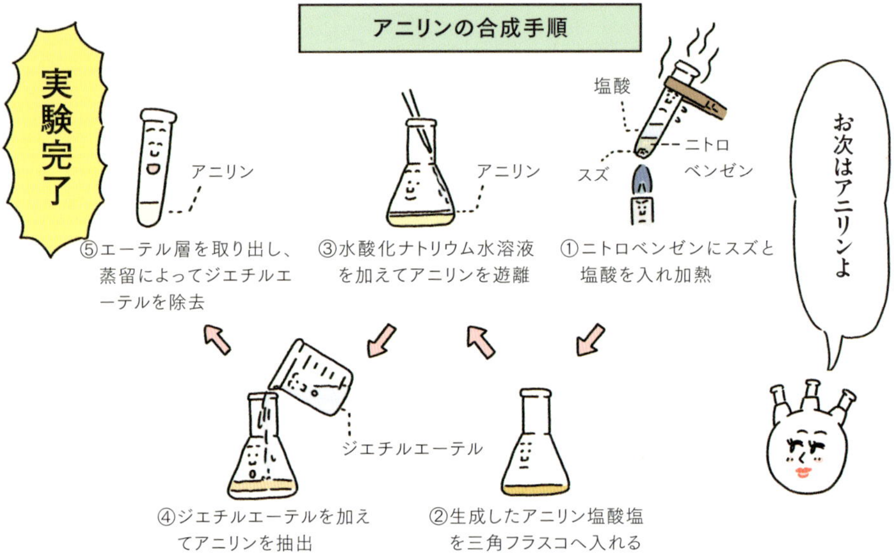
アニリンの合成手順
お次はアニリンよ
塩酸
ニトロ
ベンゼン
スズ
①ニトロベンゼンにスズと塩酸を入れ加熱
②生成したアニリン塩酸塩を三角フラスコへ入れる
アニリン
③水酸化ナトリウム水溶液を加えてアニリンを遊離
ジエチルエーテル
④ジエチルエーテルを加えてアニリンを抽出
アニリン
⑤エーテル層を取り出し、蒸留によってジエチルエーテルを除去
実験完了

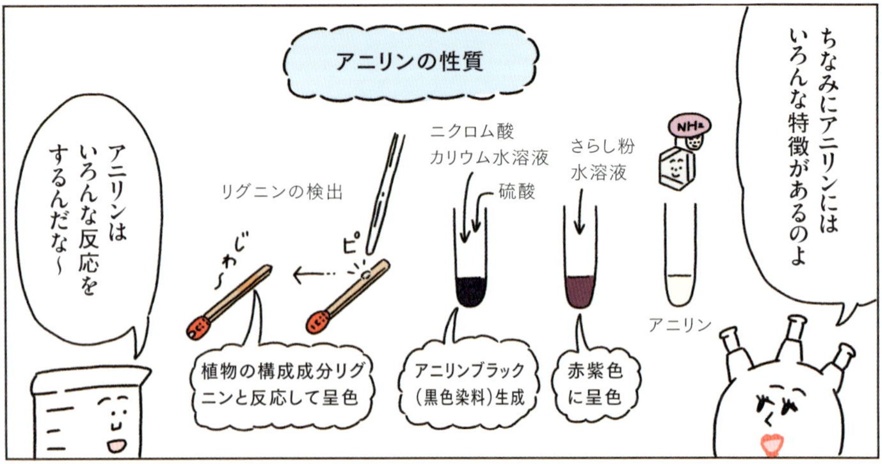
ちなみにアニリンにはいろんな特徴があるのよ
アニリンの性質
NH_2
アニリン
さらし粉水溶液
赤紫色に呈色
ニクロム酸カリウム水溶液
硫酸
アニリンブラック（黒色染料）生成
リグニンの検出
ピ
～わじ
植物の構成成分リグニンと反応して呈色
アニリンはいろんな反応をするんだな～

芳香族化合物の「芳香」のゆえんは、類似した化合物のフェノールとかクレゾールなどが強い臭いを持つため。でも、芳香（かぐわしい香り）とはちょっと違った、けっこうイヤな臭いばかり。良い臭いを嗅ぎたいなら（そーいう目的で実験する人も少ないと思うが）、同じ有機化学の合成実験である酢酸エステル類の合成がおすすめです。リンゴ、バナナ、パイナップルなどのおいしそーな香りができます。ただし、そのまま放置しておくと臭いが混ざって嗅いだことのない強烈な悪臭が実験室に充満します。

ビーカーくんメモ

▼ニトロベンゼンを水に入れると球体になる

ニトロベンゼンの合成実験

実験目的

- ニトロベンゼンを合成すること

実験手順

①混酸にベンゼンを加える。
②60℃の湯浴で温める。
③ニトロベンゼンが生成。
④冷水に注ぐ。

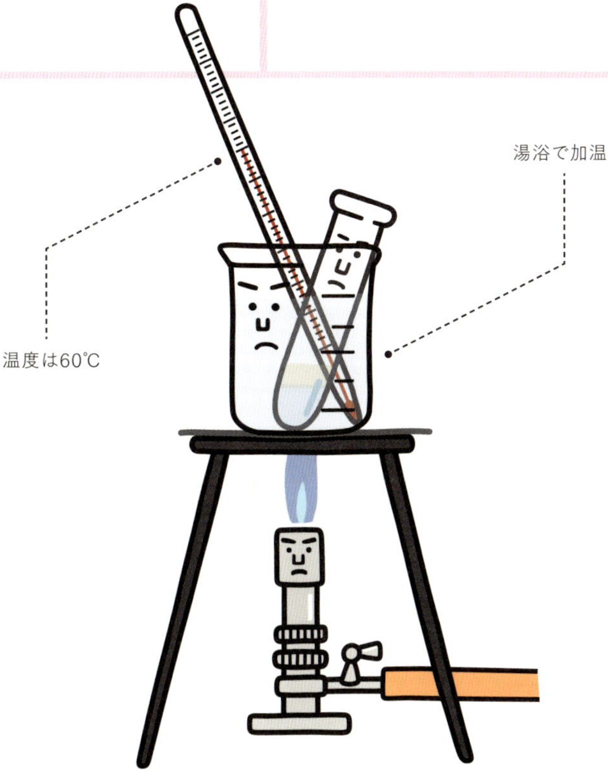
湯浴で加温
温度は60℃

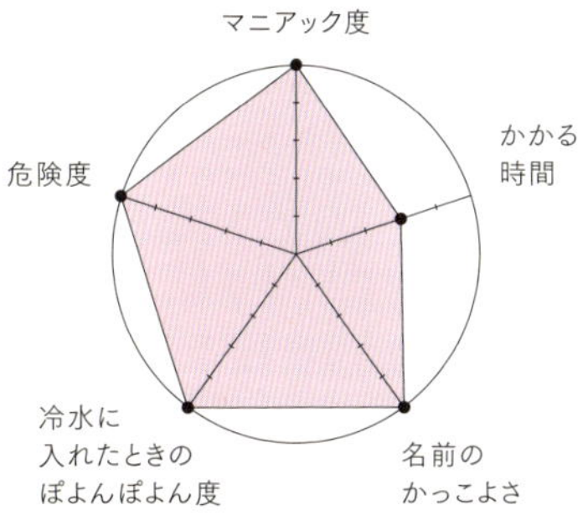
マニアック度
かかる
時間
名前の
かっこよさ
冷水に
入れたときの
ぽよんぽよん度
危険度

ワンポイントアドバイス
Onepoint
Advice

“温度が60℃を超えると別の反応が起きる可能性があるから、温度制御をきっちりね”

アニリンの合成実験

実験目的

- **ニトロベンゼンからアニリンを合成すること**

実験手順

①ニトロベンゼンにスズと塩酸を入れ加熱し、よく振る。
②生成したアニリン塩酸塩を三角フラスコへ入れる。
③水酸化ナトリウム水溶液を加えて、アニリンを遊《ゆう》離《り》させる。
④ジエチルエーテルを加えアニリンを抽出。
⑤エーテル層を取り出し、蒸留によってジエチルエーテルを除去。

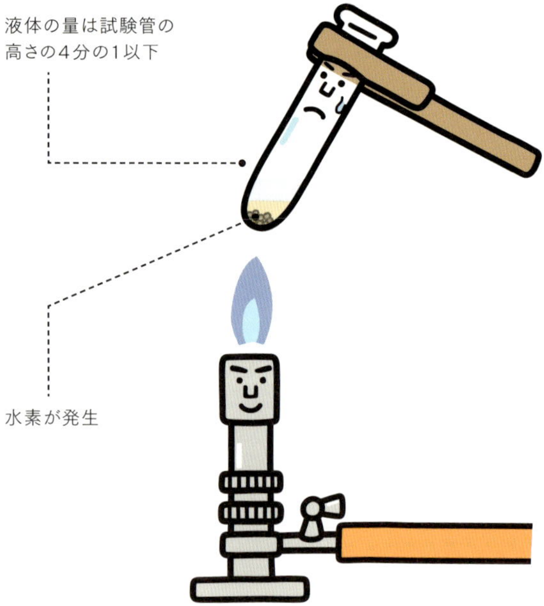
液体の量は試験管の
高さの4分の1以下
水素が発生

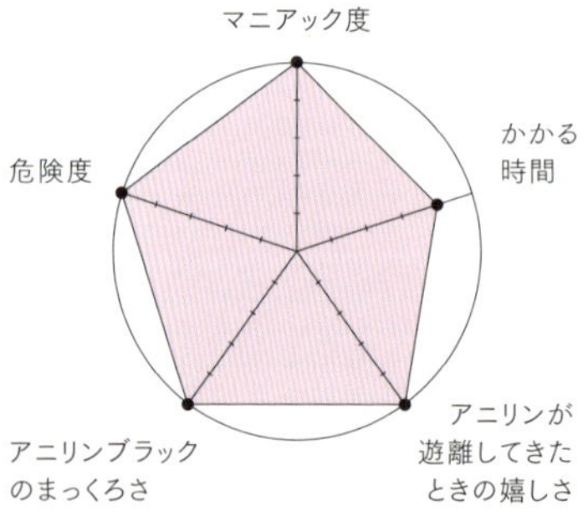
マニアック度
かかる
時間
アニリンが
遊離してきた
ときの嬉しさ
アニリンブラック
のまっくろさ
危険度

ワンポイントアドバイス
Onepoint
Advice

**“ニトロベンゼン、
塩酸、アニリンなど
危険な物質を扱うから
注意しよう”**

{ アニリンから合成されるもの }

一部

タートラジン（アゾ染料）

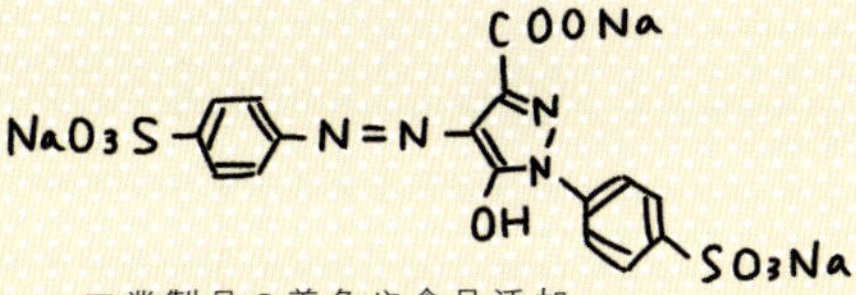
COONa
NaO3S
N=N
OH
SO3Na

工業製品の着色や食品添加物として使用される。合成着色料。通称黄色4号。

モーブ（アニリン染料）

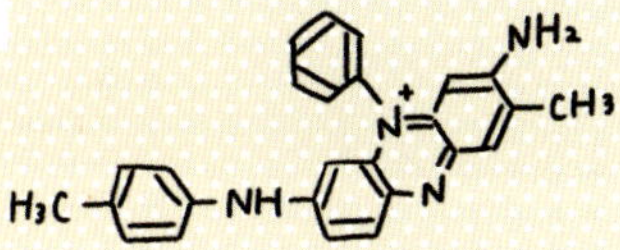
NH2
CH3
H3C
NH
N+
N

1856年に世界で初めて発見された合成染料。キニーネの合成過程で偶然発見。紫色。

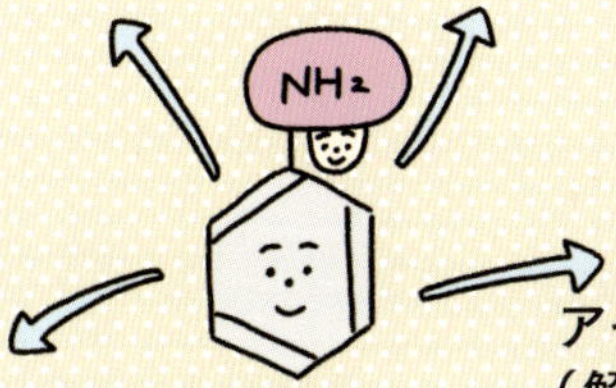
NH2

アニリン

メチルオレンジ（酸塩《えん》基《き》指示薬）

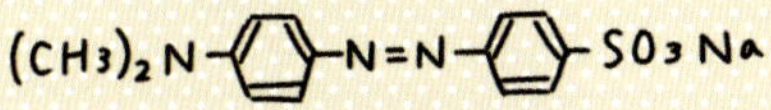
(CH3)2N
N=N
SO3Na

pH3.1～4.4にかけて赤～橙黄に変色する。pH指示薬として滴定などに使用される。

アセトアニリド（解熱鎮痛剤）

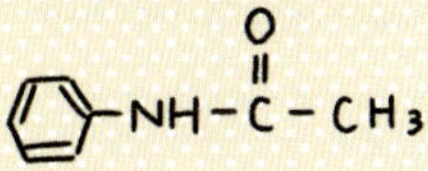
O
NH-C-CH3

別名アンチフェブリン。かつては使用されていたが現在は使われていない。

アセトアミノフェン（解熱鎮痛剤）

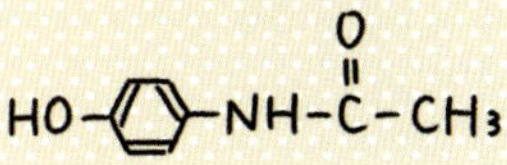
O
HO
NH-C-CH3

小児にも大人にも使用されている解熱鎮痛剤の1つ。

アニリンは染料や医薬品の中間物質として欠かせないものなの
重要な物質なんだね～

COLUMN

はかる実験

実験では何らかの変化が起きます。というか、コントロールした環境のもとで何らかの変化を起こすのが実験です。何も変化が起きなければ失敗ですが(試薬をひとつ忘れたとか意外によくやります…汗)、起きた変化をしっかり捉えなければ、実験としてはやはり失敗と言えます。

次の章のテーマは、起きる変化をきっちり測定して結果を考える「はかる実験」。たとえ見た目にはほとんど変化がなくても、重さや温度などをしっかりはかれば、変化を読み取ることができます。爆発や色変化などの派手さのない地味な実験にも、科学の世界を切り開く重要なカギが隠されていることがあるのです。

このことを示して科学の歴史に燦然と輝いているのが、18世紀のフランスの科学者 アントワーヌ・ラボアジェ。1774年に発見した「質量保存の法則」が特に有名です。これは物質を燃焼させた前後では、反応に関わった全物質の合計質量は変化しない…というもの。ラボアジェはこれを非常に精密な実験と計測によって証明したのでした。世界で最初に燃焼が酸素との結合であると説明し、他にも多大な業績を挙げて「近代化学の父」とも呼ばれるラボアジェですが、感動してしまうのは彼の奥様であるマリー・アンヌ。結婚後に化学やスケッチのとり方を学んで、実験の詳細な記録を後世に残したのでした。

もうひとつ、はかる実験としてあげておきたいのは、1887年にアメリカの物理学者であるアルバート・マイケルソンとエドワード・モーリーが行なった、いわゆる「マイケルソン-モーリーの実験」があります。これは大まかに言うと、宇宙空間における地球の運動速度と光の速度との比を〝地球上で〟求めようとした実験。でも光速は宇宙最高速ですから実験可能な距離で検出するには、めちゃくちゃ高精度の計測が必要です。で、この実験そのものは失敗に終わるのですが、その後の議論によって重力の研究や相対性理論にまで影響を及ぼし、時空の考え方を変化させたのです。いや〜「はかる実験」って、地味だけど偉大です。

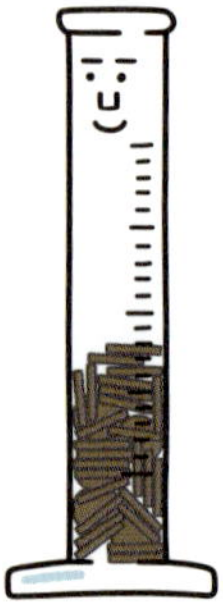

CHAPTER 8

はかる実験

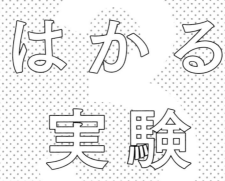

質量の変化

18世紀後半、フランスの化学者ラボアジェによって確立された理論があります
思いついたー!!
ドシューン
それが「燃焼」つまり酸化の理論なのです
今回の実験
スチールウールの燃焼前後の質量をはかる
memo
酸化反応を実感しよう
燃焼前スチールウールくん→
よろしく
ビーカーくん 燃焼の意味はわかる?
燃えることでしょ 知ってるよ~
もちろん その通りなんだけど
化学的には 空気中や酸素中で起こる 激しい酸化反応のことなんだ
酸化反応?
詳しいことは また後から 説明するね
まずは実験 やってみよー

スチールウール燃焼実験手順

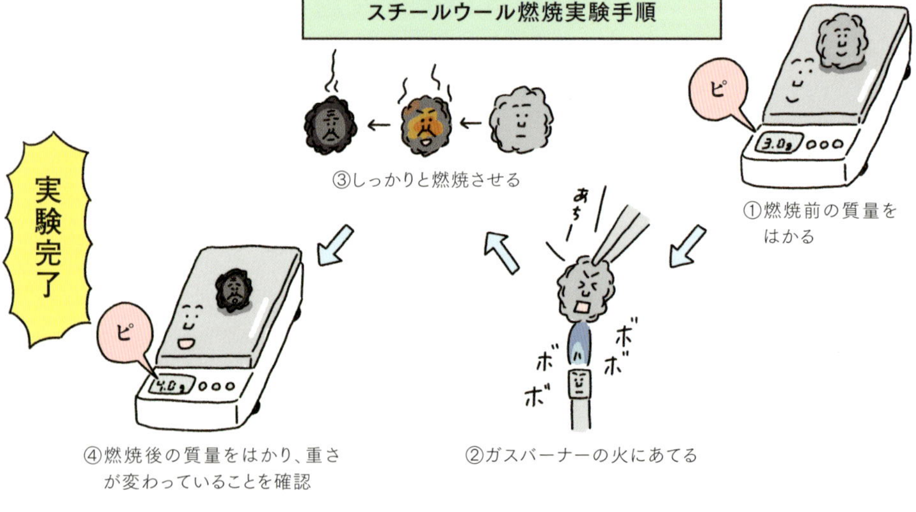
ピ
3.0g
①燃焼前の質量をはかる
あちー
ボボボ
②ガスバーナーの火にあてる
③しっかりと燃焼させる
ピ
4.0g
④燃焼後の質量をはかり、重さが変わっていることを確認
実験完了

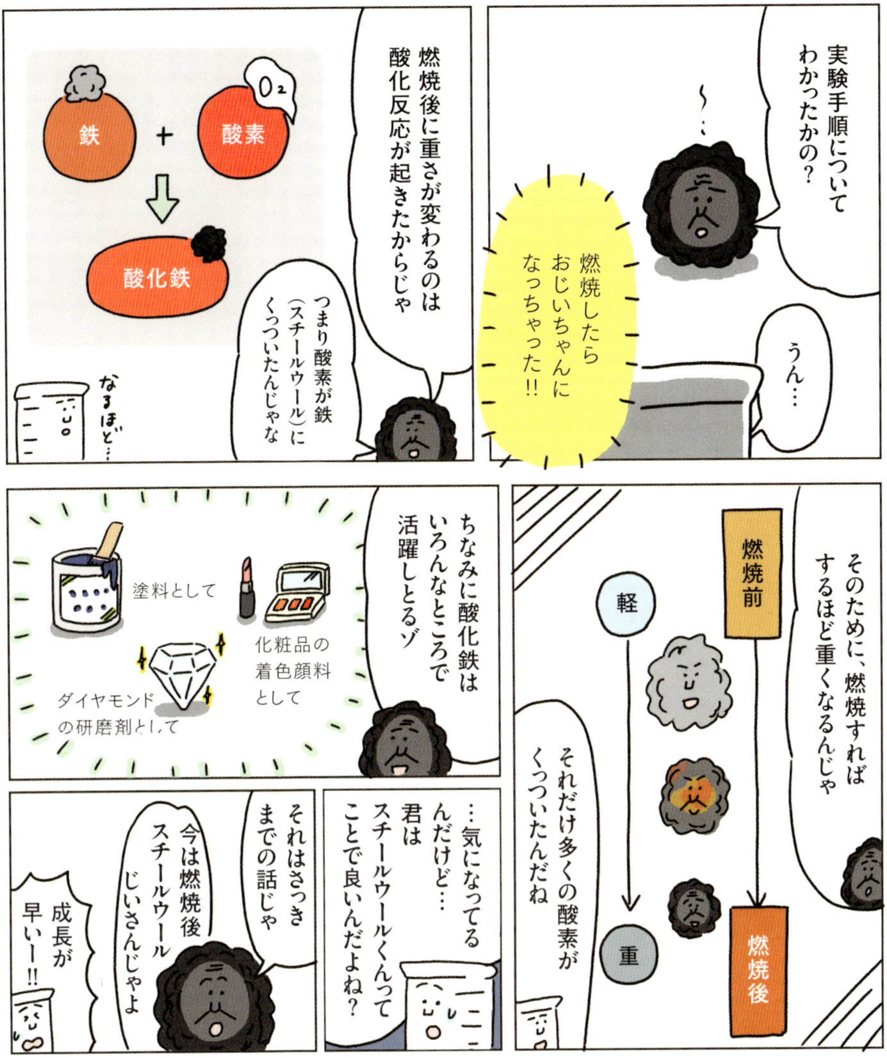
実験手順についてわかったかの?
〜…
うん…
燃焼したらおじいちゃんになっちゃった!!
燃焼後に重さが変わるのは酸化反応が起きたからじゃ
鉄
酸素
O2
酸化鉄
つまり酸素が鉄(スチールウール)にくっついたんじゃな
なるほど…
そのために、燃焼すればするほど重くなるんじゃ
燃焼前
燃焼後
軽
重
それだけ多くの酸素がくっついたんだね
ちなみに酸化鉄はいろんなところで活躍しとるゾ
塗料として
化粧品の着色顔料として
ダイヤモンドの研磨剤として
…気になってるんだけど…君はスチールウールくんってことで良いんだよね?
それはさっきまでの話じゃ
今は燃焼後スチールウールじいさんじゃよ
成長が早いー!!

質量変化を計測する実験には、苦い思い出があります。そのときは鉄粉1gを十分に酸化させると何gになるか…という課題でしたが、最初に1g量り取るのがビミョー。何度やってもぴったり1gが量り取れないのです。自分の不器用さを痛感しましたが、そのときは「重力が変動している」などと弁解(言い訳にならんって!)。後で考えれば簡単で、だいたいの量を取って重さを測って実験し、割り算すれば答えが出るのでした(何やってんだろー→自分)。

ビーカーくんメモ

▼鉄は燃焼すると重くなる

スチールウール燃焼実験

実験目的

- **燃焼前後のスチールウールの質量を比較し、酸化反応を理解すること**

実験手順

①スチールウールの質量を電子天秤ではかる。
②ガスバーナーの火にスチールウールをあてる。
③しっかり燃焼させる。
④燃焼後の質量をはかり、重さが変わっていることを確認。

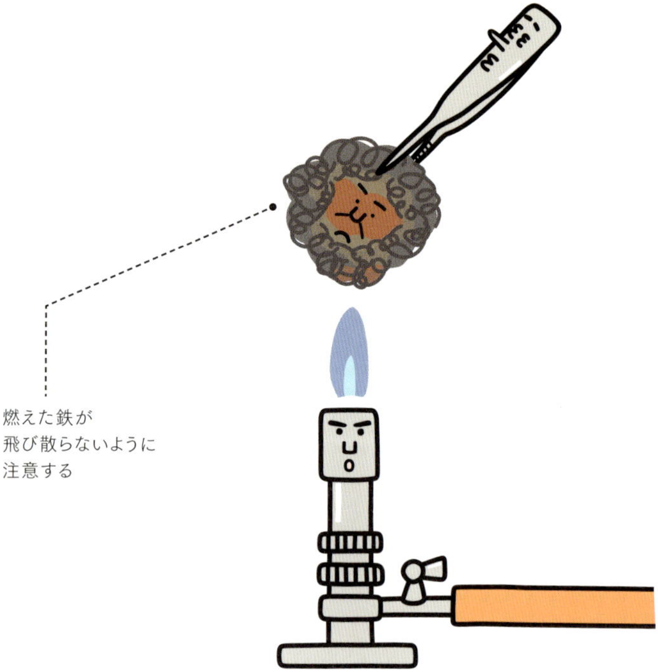
燃えた鉄が
飛び散らないように
注意する

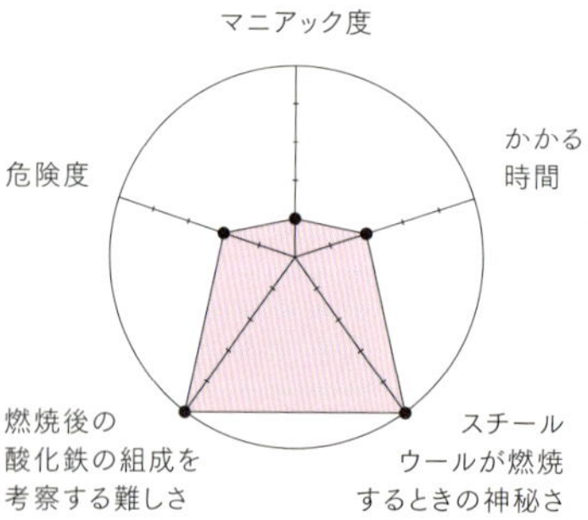
マニアック度
かかる
時間
スチール
ウールが燃焼
するときの神秘さ
燃焼後の
酸化鉄の組成を
考察する難しさ
危険度

ワンポイントアドバイス
Onepoint Advice

“燃焼はフーフーすると進みやすいよ その時はガスバーナーの火からははずしてやってね”

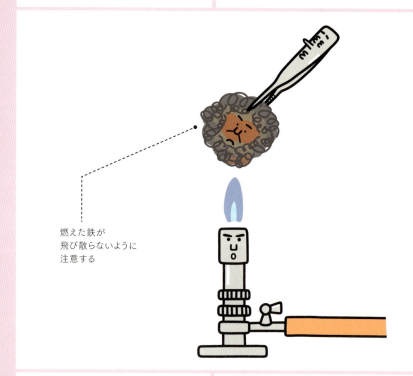

燃焼中スチールウールおじさん

正式名称　スチールウール（steel wool）
得意技　燃焼反応をすること。
キャラ特性　燃焼まっただ中の働きざかり。

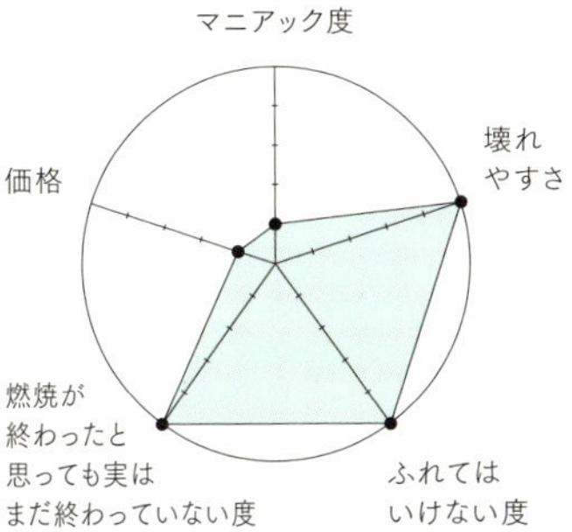
マニアック度
壊れやすさ
ふれてはいけない度
燃焼が終わったと思っても実はまだ終わっていない度
価格

燃焼中
細かい金属繊維
黒とグレーが混在したボディ

{ 身の周りの酸化反応 }

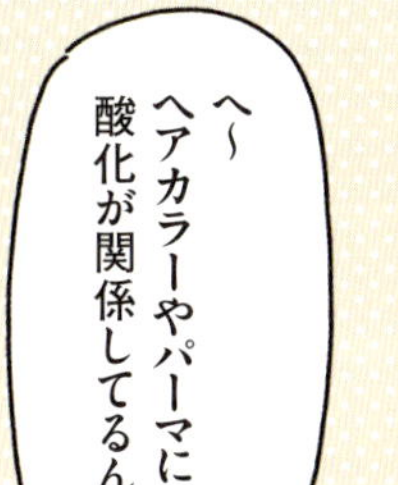
へ～
ヘアカラーやパーマにも酸化が関係してるんだ

りんごの変色
りんごに含まれるポリフェノールの酸化が原因

さび
金属が酸素や水分などと反応することで発生

身近なところに結構あるんじゃよ

パーマ
毛髪の中の結合を切った後、酸化によって再結合させる

ヘアカラー
染料が毛髪に浸透し酸化されることで発色する

カイロ
鉄粉が酸化するときに発熱することを利用

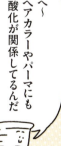

密度と比重

体積と重さがわかれば密度が計算できます
例
物質Aくん
体積10cm^3
重さ15g
密度$=\frac{質量}{体積}$
$=\frac{15}{10}=1.5g/cm^3$
物質の確認や純度判定などに利用されています
今回の実験
硬貨の密度をはかる
memo
密度と比重の違いを知ろう
密度といえばアルキメデスだよね
そーなの？
アルキメデスは職人が作った王冠が本当に純金製かどうかを調べたと言われているんだよ
①王冠と同じ質量の金を用意する
②満タンにした水槽にそれぞれを入れる
ジャポーン
③王冠の方が多くの水があふれる
多い
④この結果から、職人が金以外の金属を王冠に混ぜたことが判明
小
体積
大
（質量は同じ）
大
密度
小
金以外のものを混ぜたことで密度が低下したことを実証!!

ということで同じように水を利用して硬貨の密度を調べよう

硬貨の密度をはかる実験手順

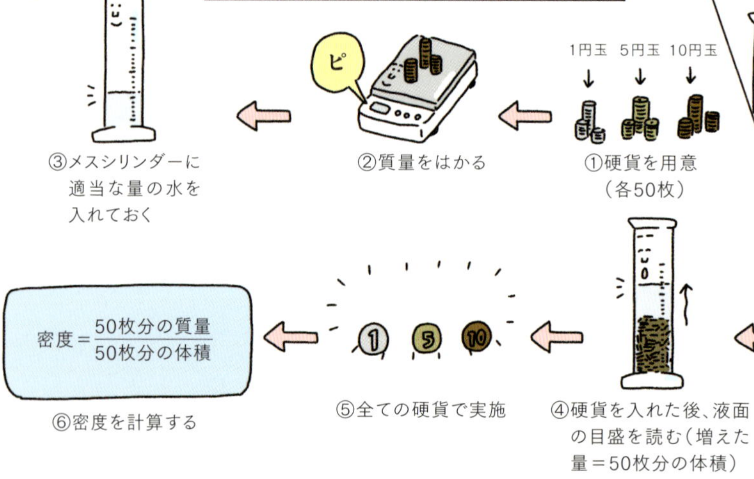
1円玉
5円玉
10円玉
①硬貨を用意（各50枚）
ピ
②質量をはかる
③メスシリンダーに適当な量の水を入れておく
④硬貨を入れた後、液面の目盛を読む（増えた量＝50枚分の体積）
⑤全ての硬貨で実施
密度$=\frac{50枚分の質量}{50枚分の体積}$
⑥密度を計算する

今回の方法なら
硬貨以外の密度も
調べられるんだ
よーし、これにて
実験完りょ…
おいおい
おーい!!
ちょっと
待ってよ～
比重計
くん
比重ビン
ちゃん
密度の次は
比重でしょ～
比重?
比重っていうのは、ある物質が
水に浮かぶかどうかや
空気中で浮くかどうかが
一目でわかる
便利な数値なんだ
物質Bくん
比重0.5
気体X
比重1.2
物質の密度を水や空気の
密度で割れば比重が計算できるのよ
そして1.0を越えると沈むってこと
比重は
密度の比較
比重（液体・固体）＝物質の密度／水の密度
比重（気体）＝物質の密度／空気の密度
そして
その比重を
はかれるのが
俺たちなのさ
そういうことか～
あ
比重ビンちゃん
フタのところに
穴が開いているけど
大丈夫?
もちろん大丈夫
実はこの穴が
測定で活躍するのよー
まぁ見てて

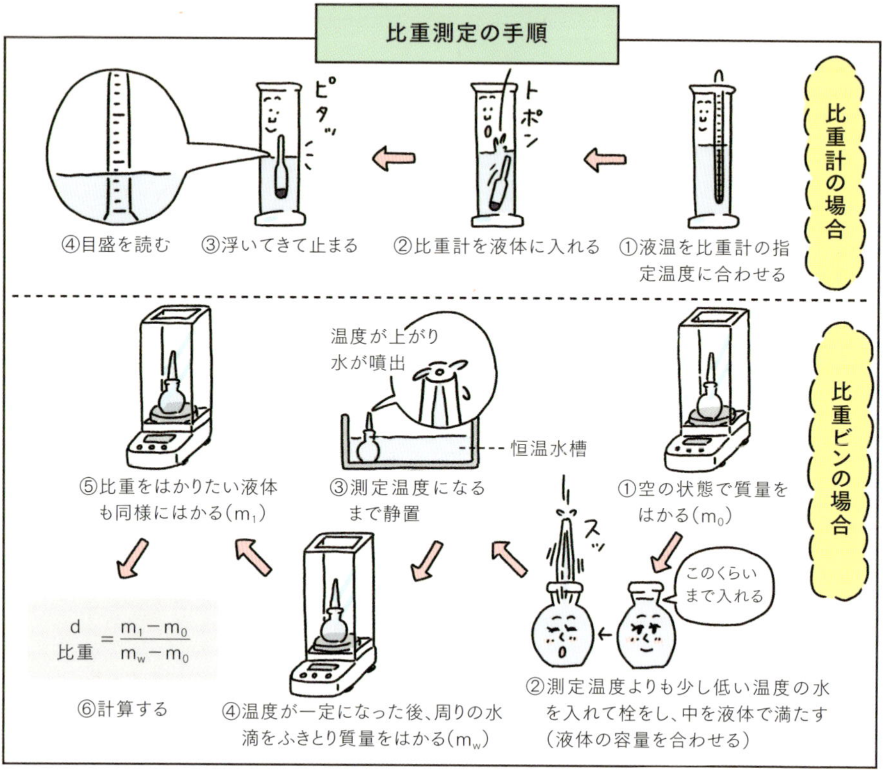
比重測定の手順
比重計の場合
①液温を比重計の指定温度に合わせる
トポン
②比重計を液体に入れる
ピタッ
③浮いてきて止まる
④目盛を読む
比重ビンの場合
①空の状態で質量をはかる(m_0)
このくらいまで入れる
スッ
②測定温度よりも少し低い温度の水を入れて栓をし、中を液体で満たす(液体の容量を合わせる)
温度が上がり水が噴出
恒温水槽
③測定温度になるまで静置
④温度が一定になった後、周りの水滴をふきとり質量をはかる(m_w)
⑤比重をはかりたい液体も同様にはかる(m_1)
$\underset{\text{比重}}{d} = \frac{m_1 - m_0}{m_w - m_0}$
⑥計算する

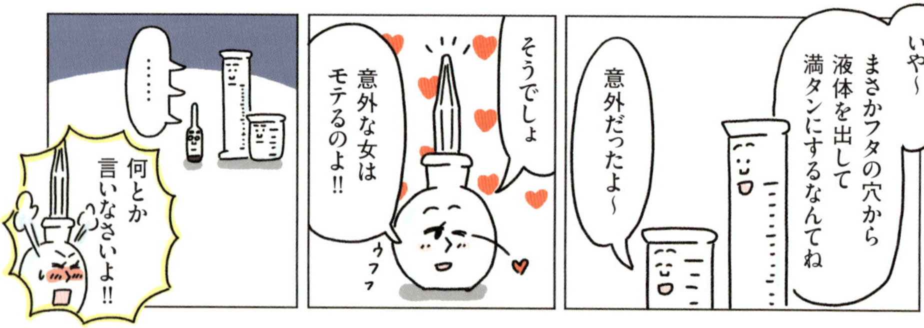
いや〜 まさかフタの穴から液体を出して満タンにするなんてね
意外だったよ〜
そうでしょ
意外な女はモテるのよ!!
ウフフ
……
何とか言いなさいよ!!

ビーカーくんメモ

▼密度を比べたものが比重

子供のころ「鉄1kgと脱脂綿1kg、どっちが重いか?」というなぞなぞがありました(今でもあるかも)。あわてて「脱脂綿の方が軽いから…鉄が重い!」と答え、「どっちも1kgだから同じだよ〜」と笑われるわけです。でも、「どっちが質量が大きいか?」という質問なら、「脱脂綿」が正解。密度が小さく体積が大きい脱脂綿は、鉄より大きな浮力を空気から受けています(軽くなっている)。なので重量が同じく1kgなら質量は脱脂綿の方が大…という計算です。

硬貨の密度をはかる実験

実験目的

- **硬貨の密度を求めること**

実験手順

①硬貨を用意する。
②それぞれの質量をはかる。
③メスシリンダーに適当な量の水を入れておく。
④硬貨を入れた後、目盛を読む
⑤全ての硬貨で実施。
⑥密度を計算する。

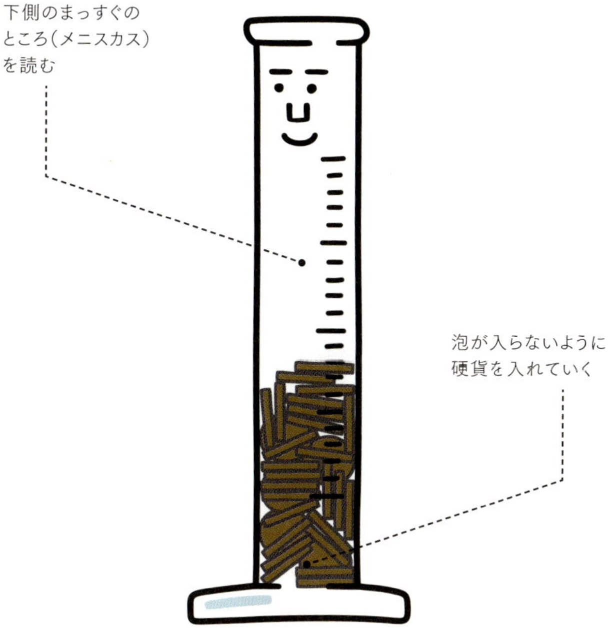
下側のまっすぐのところ(メニスカス)を読む
泡が入らないように硬貨を入れていく

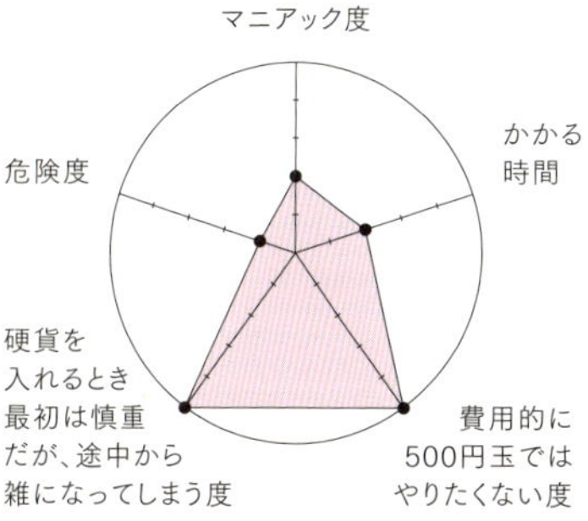
マニアック度
かかる時間
費用的に500円玉ではやりたくない度
硬貨を入れるとき最初は慎重だが、途中から雑になってしまう度
危険度

ワンポイントアドバイス
Onepoint Advice

“硬貨の枚数が少ないと精度が下がっちゃうよ”

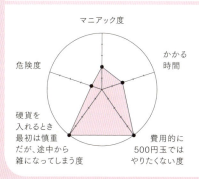

液体の比重をはかる実験

実験目的

- **比重ビンで液体の比重をはかること**

実験手順

①空の状態で質量をはかる。
②水を入れて栓をする。
③一定の温度になるまで恒温水槽に入れる。
④周りの水をふき取り質量をはかる。
⑤比重をはかりたい液体も同様に実施し、計算する。

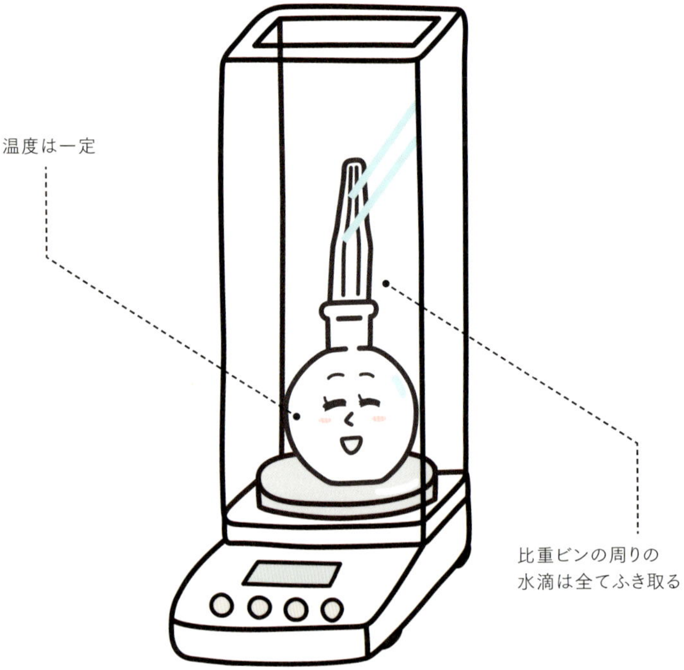
温度は一定
比重ビンの周りの水滴は全てふき取る

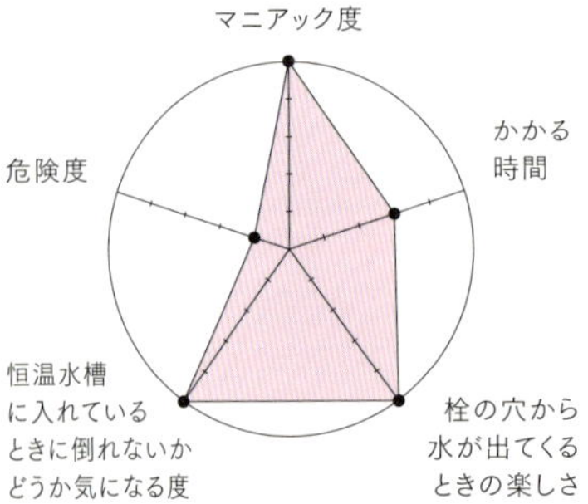
マニアック度
かかる時間
栓の穴から水が出てくるときの楽しさ
恒温水槽に入れているときに倒れないかどうか気になる度
危険度

ワンポイントアドバイス
Onepoint Advice

“比重は温度によって変化するから、温度設定に気をつけてね”

比重計くん

正式名称　比重計、浮ひょう（hydrometer）

得意技　液体の比重をはかること。

キャラ特性　測定範囲違いの兄弟がいる19人兄弟。

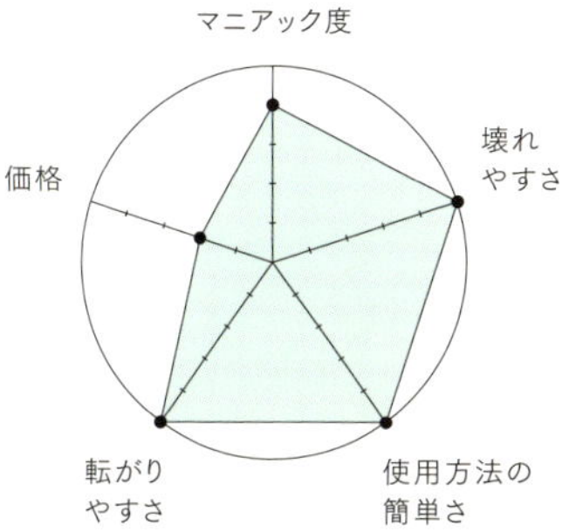
マニアック度
壊れやすさ
使用方法の簡単さ
転がりやすさ
価格

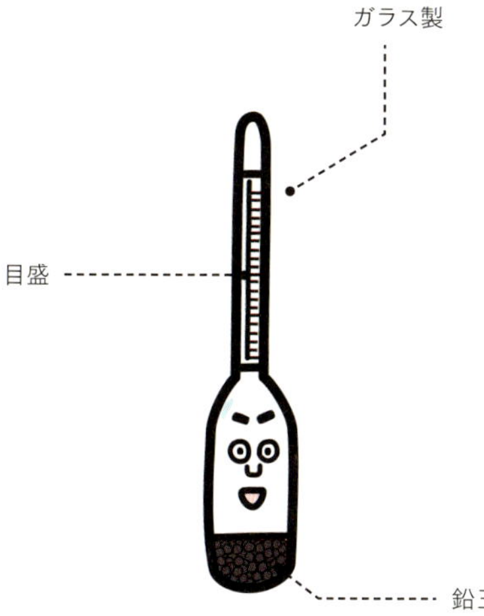
ガラス製
目盛
鉛玉

比重ビンちゃん

正式名称　ゲーリュサック型比重瓶（Gay-Lussac pycnometer）

得意技　液体の比重をはかること。

キャラ特性　容量違いの姉妹がいる4人姉妹。

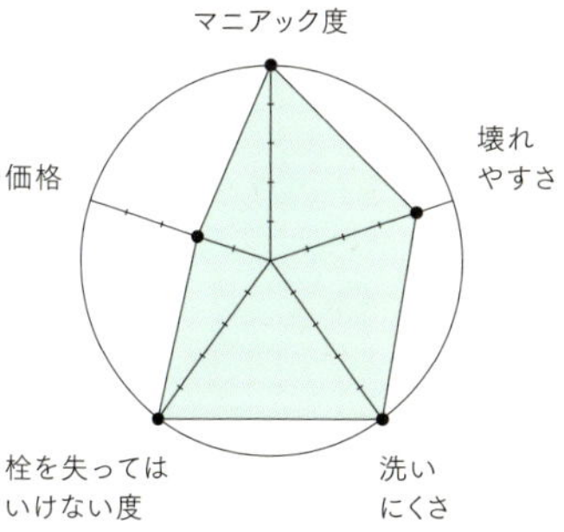
マニアック度
壊れやすさ
洗いにくさ
栓を失ってはいけない度
価格

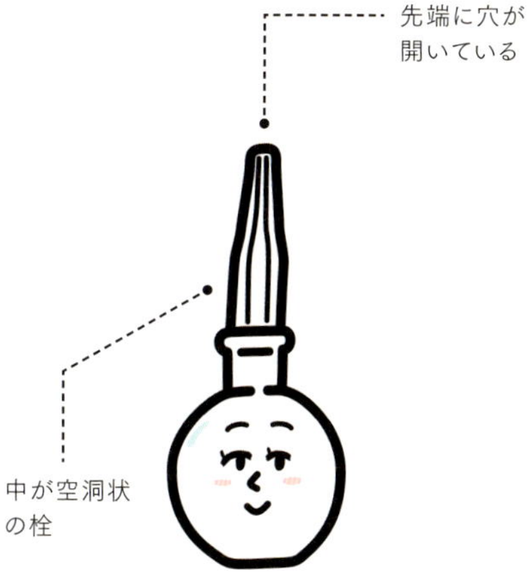
先端に穴が開いている
中が空洞状の栓

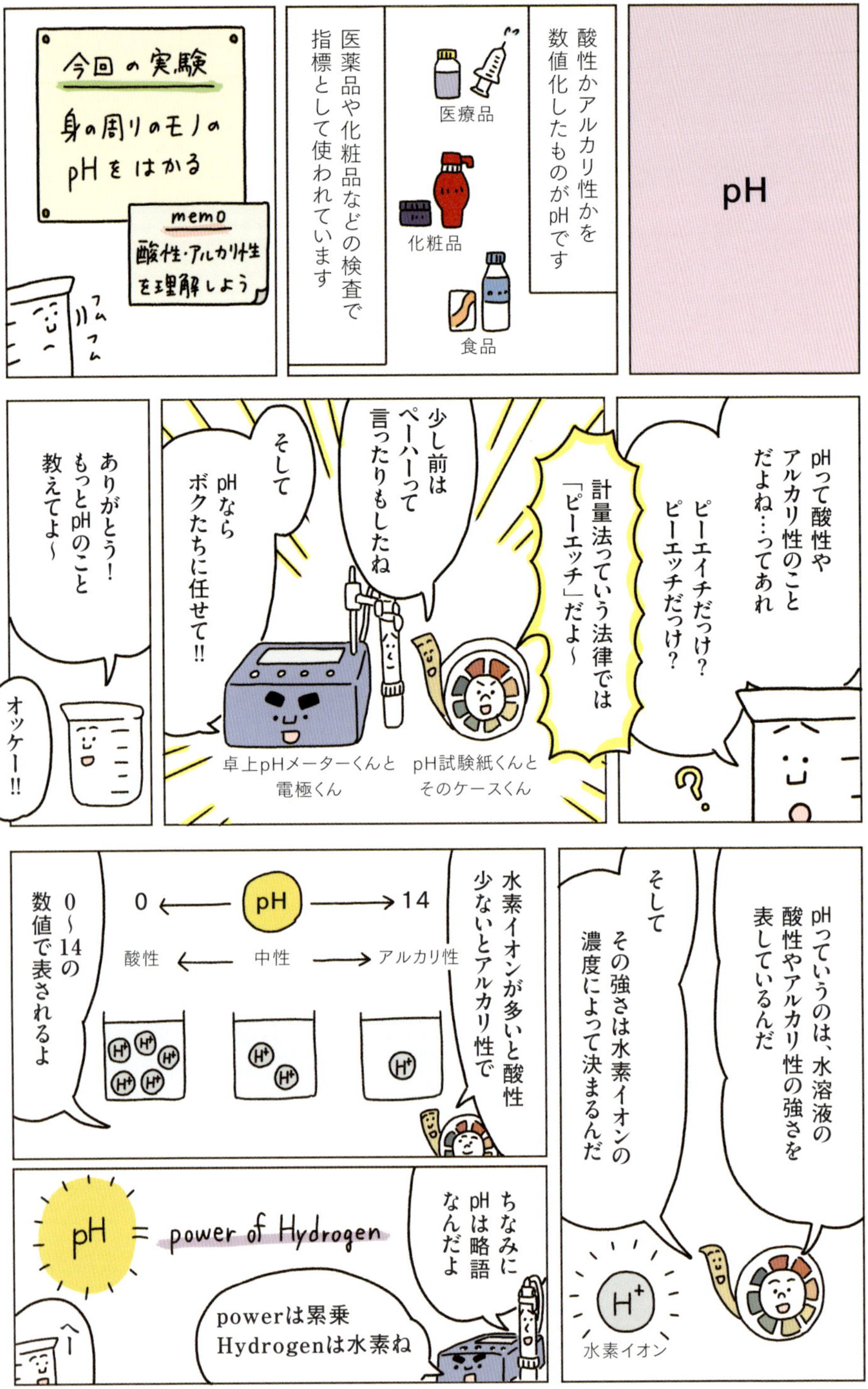
pH
酸性かアルカリ性かを数値化したものがpHです
医療品
化粧品
食品
医薬品や化粧品などの検査で指標として使われています
今回の実験
身の周りのモノのpHをはかる
memo
酸性・アルカリ性を理解しよう
フムフム
pHって酸性やアルカリ性のことだよね…ってあれ
ピーエイチだっけ？ピーエッチだっけ？
？
計量法っていう法律では「ピーエッチ」だよ～
少し前はペーハーって言ったりもしたね
そしてpHならボクたちに任せて!!
卓上pHメーターくんと電極くん
pH試験紙くんとそのケースくん
ありがとう！もっとpHのこと教えてよ～
オッケー!!
pHっていうのは、水溶液の酸性やアルカリ性の強さを表しているんだ
そしてその強さは水素イオンの濃度によって決まるんだ
H+
水素イオン
水素イオンが多いと酸性少ないとアルカリ性で
0 ← pH → 14
酸性 ← 中性 → アルカリ性
H+
0～14の数値で表されるよ
ちなみにpHは略語なんだよ
pH = power of Hydrogen
powerは累乗Hydrogenは水素ね
へ～

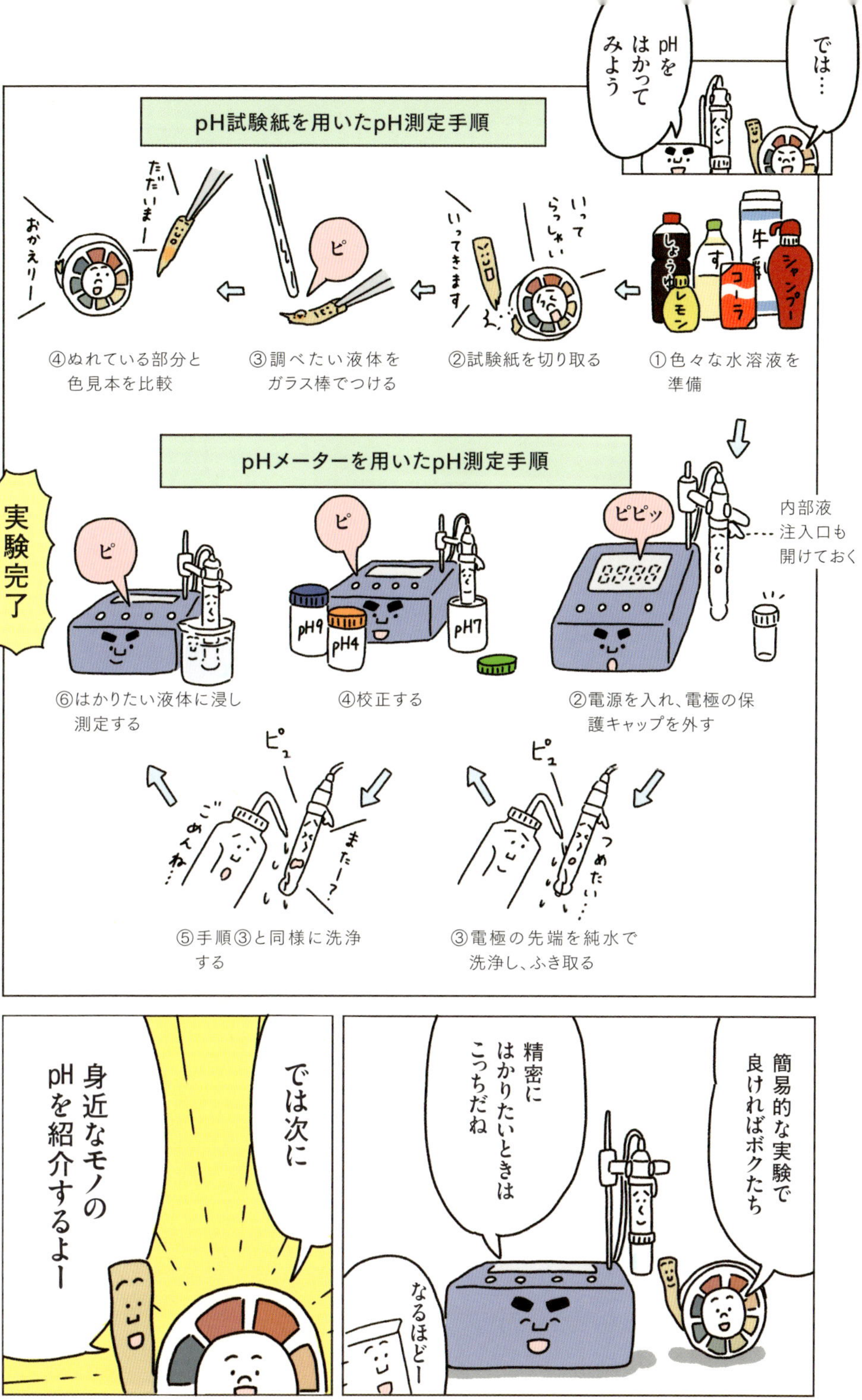
では…
pHをはかってみよう
pH試験紙を用いたpH測定手順
しょうゆ
す
牛乳
シャンプー
コーラ
レモン
①色々な水溶液を準備
いってらっしゃい
いってきます
②試験紙を切り取る
ピ
③調べたい液体をガラス棒でつける
ただいまー
おかえりー
④ぬれている部分と色見本を比較
pHメーターを用いたpH測定手順
ピピッ
8888
内部液注入口も開けておく
②電源を入れ、電極の保護キャップを外す
ピュ
つめたい…
③電極の先端を純水で洗浄し、ふき取る
ピ
pH9
pH4
pH7
④校正する
ピュ
またー?
ごめんね…
⑤手順③と同様に洗浄する
ピ
⑥はかりたい液体に浸し測定する
実験完了
簡易的な実験で良ければボクたち
精密にはかりたいときはこっちだね
なるほどー
では次に
身近なモノのpHを紹介するよー

身の周りにあるモノのpH

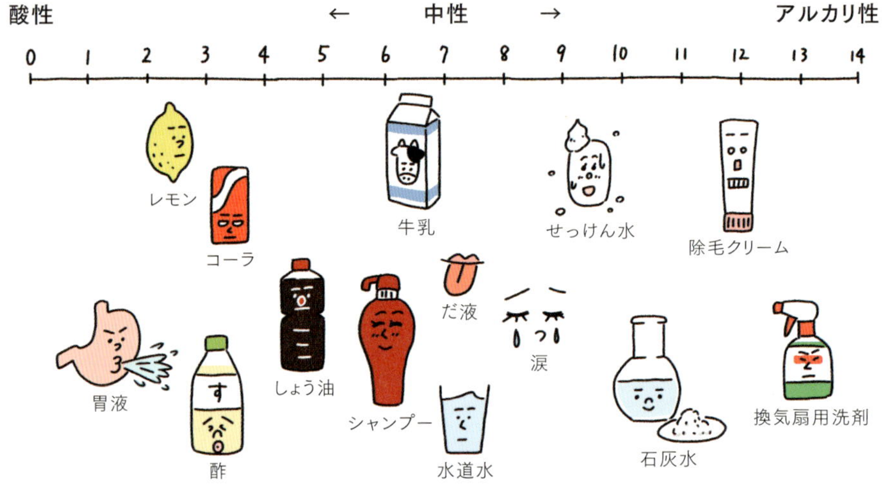

ビーカーくんメモ

▼pHは水素イオンの量が関係している

余談ですが（このコラムは全部余談ですが…汗）、pH試験紙くんとそのケースくんが大好きです。理由は単純で「カラフルで色がとってもきれい！」だから。しかも測定範囲によってさまざまな種類があり、色変化の範囲も文字通りカラフル。いきおいコレクションしてしまいます。ただし、試験紙くんには賞味期限ならぬ使用期限があり、長期保存したものはきちんと色変化しません。おまけにラベルに印刷された色見本も経年変色。ゴミ化した彼らが引き出しの中に死屍累々です…涙。

pH試験紙を用いたpH測定実験

実験目的

- **pH試験紙で各種水溶液のpHをはかること**

実験手順

①各種水溶液を準備する。
②試験紙を切り取る。
③調べたい液体をガラス棒で試験紙につける。
④ぬれている部分と色見本を比較する。

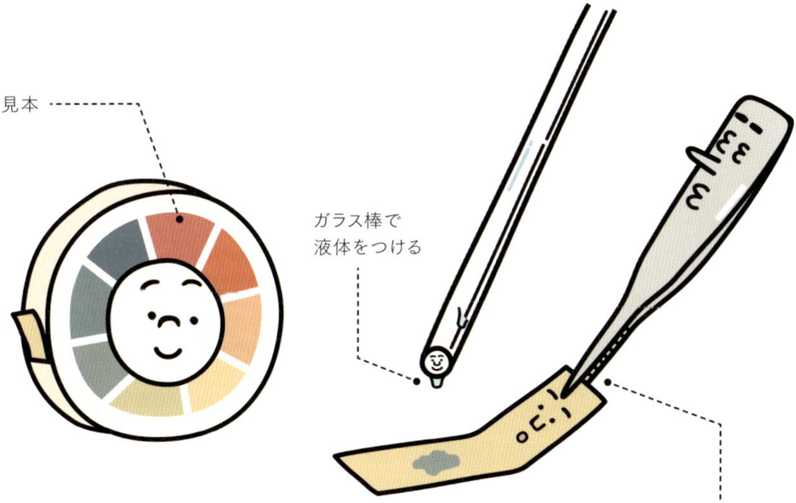
色見本
ガラス棒で
液体をつける
手では持たない

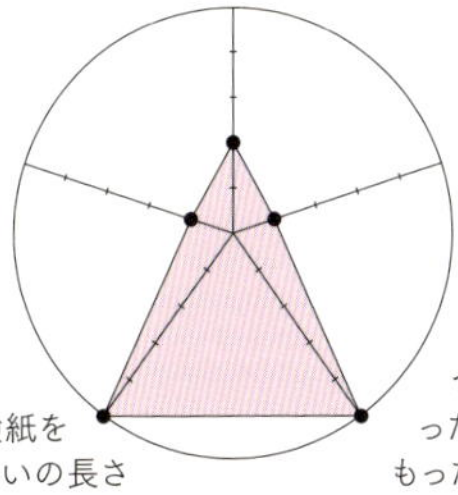
マニアック度
かかる
時間
液体を
つけなか
った部分を
もったいない
と思ってしまう度
pH試験紙を
どのくらいの長さ
で切り取るか迷う度
危険度

ワンポイントアドバイス
Onepoint
Advice

“液体をつけたら
すぐに色見本と比較してね
(時間がたつと
変色しちゃうよ)”

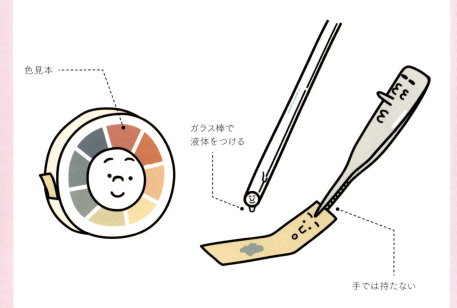

pHメーターを用いたpH測定実験

実験目的

- **pHメーターで各種水溶液のpHをはかること**

実験手順

①各種水溶液を準備する。
②電源を入れ保護キャップを外す。
③電極を純水で洗浄し、ふき取る。
④校正する。
⑤はかりたい液体に電極を浸し測定する。

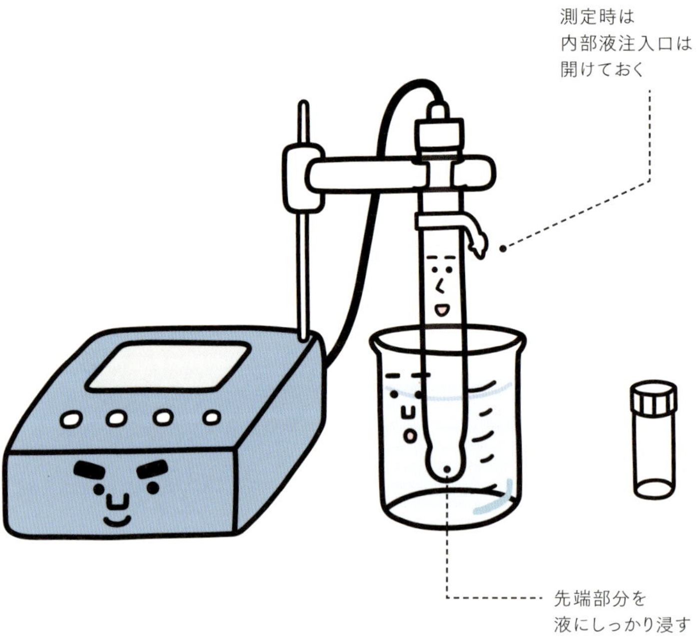
測定時は
内部液注入口は
開けておく
先端部分を
液にしっかり浸す

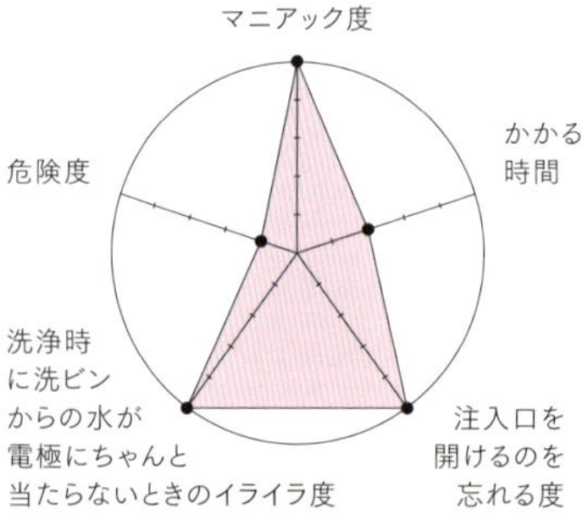
マニアック度
かかる
時間
注入口を
開けるのを
忘れる度
洗浄時
に洗ビン
からの水が
電極にちゃんと
当たらないときのイライラ度
危険度

ワンポイントアドバイス
Onepoint
Advice

“電極部分は
破損しやすいから
注意してね”

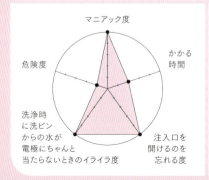

卓上pHメーターくんと電極くん

正式名称 pHメーター、pH計（pH meter）
得意技 pHをはかること。
キャラ特性 きっちり者のpHメーターくんと繊細な電極くんコンビ。

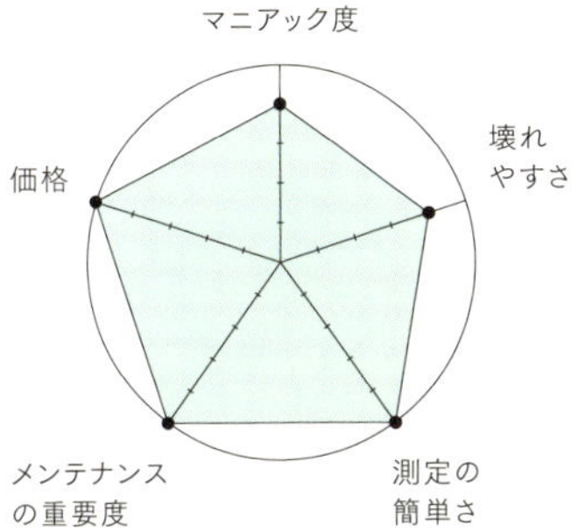
マニアック度
壊れやすさ
測定の簡単さ
メンテナンスの重要度
価格

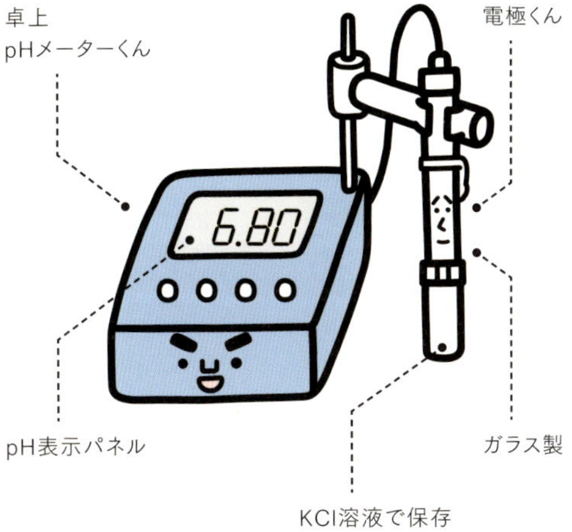
卓上pHメーターくん
電極くん
6.80
pH表示パネル
ガラス製
KCl溶液で保存

{ 身の周りにあるpH変化 }

酸性雨

硫黄酸化物や窒素酸化物などが雲に取り込まれることでpHの低い雨になる

レモン

紅茶の退色現象

紅茶に含まれるテアフラビンという色素が、pHが低くなると赤色がうすくなる

ススーッ

色つきのり

pHが下がると透明になる色素成分が配合されている。紙に塗ると空気中の二酸化炭素と反応しpHが下がり透明になる

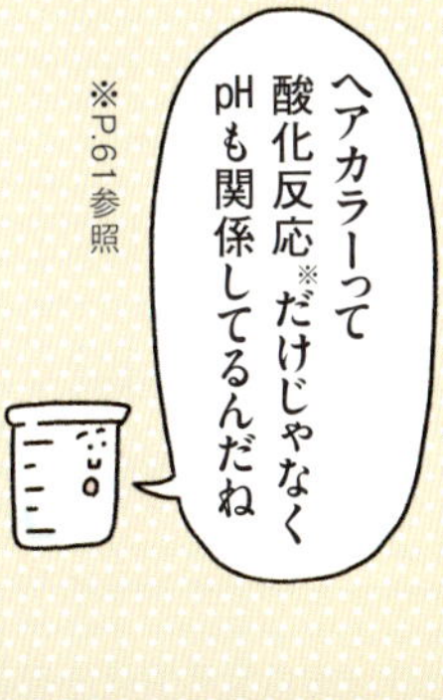
ヘアカラーって
酸化反応※だけじゃなく
pHも関係してるんだね

※P.61参照

ヘアカラー

アルカリ性にすることで毛髪に色素成分が浸透しやすくなる

藍染め

藍の色素成分はアルカリ性のときに水に溶けるため、pHを上げてアルカリ水溶液にして染色を行う

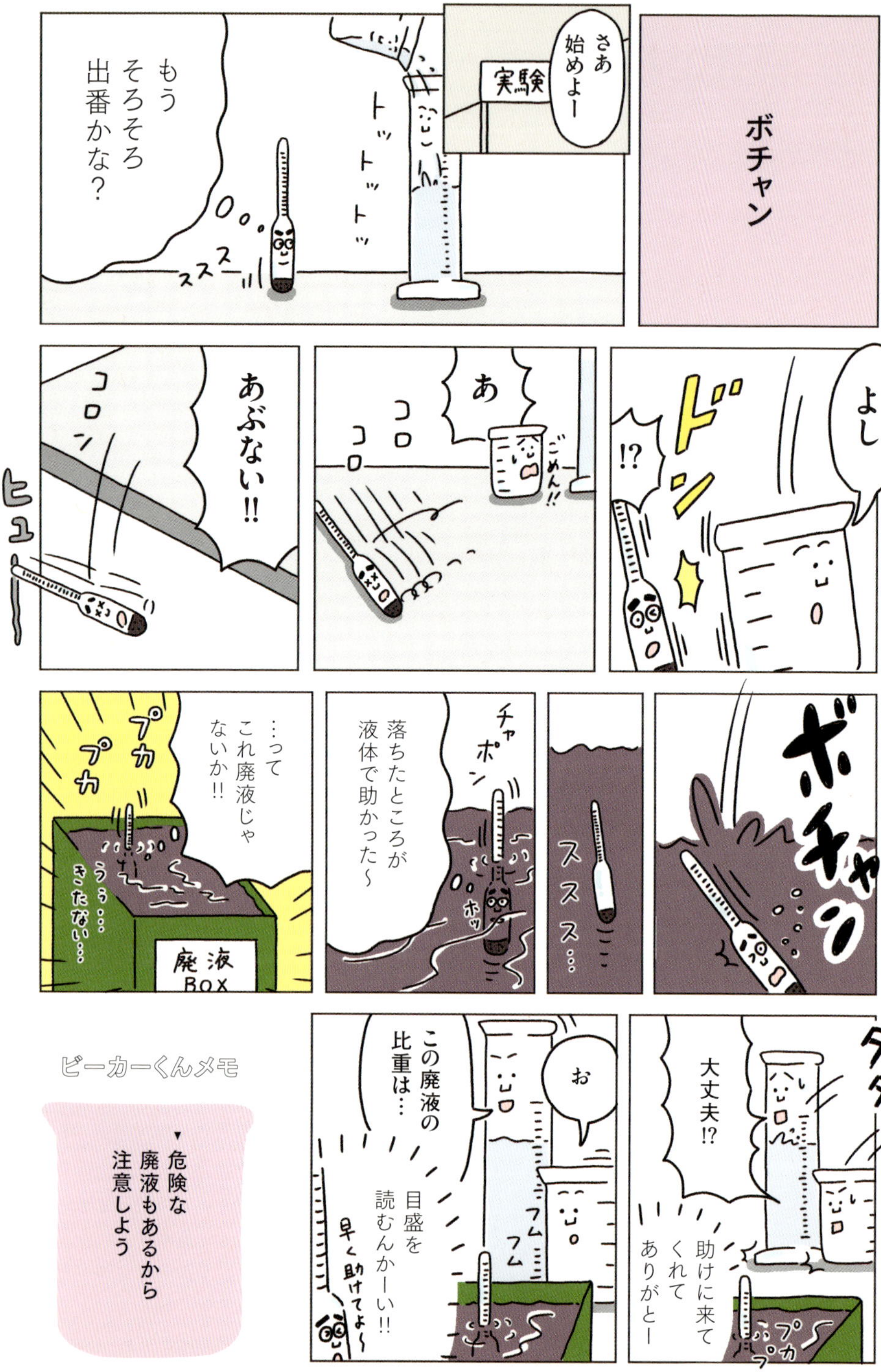
ボチャン
実験
さあ始めよー
トットットッ
もうそろそろ出番かな？
ススス
よし
ドン
!?
あ
ごめん!!
コロコロ
あぶない!!
コロン
ヒュー
ボチャン
ススス…
チャポン
落ちたところが液体で助かった～
ホッ
…ってこれ廃液じゃないか!!
プカプカ
うぅ…きたない…
廃液BOX
ダダッ
大丈夫!?
助けに来てくれてありがとー
プカプカ
お
この廃液の比重は…
目盛を読むんかーい!!
フムフム
早く助けてよ～

ビーカーくんメモ

▼危険な廃液もあるから注意しよう

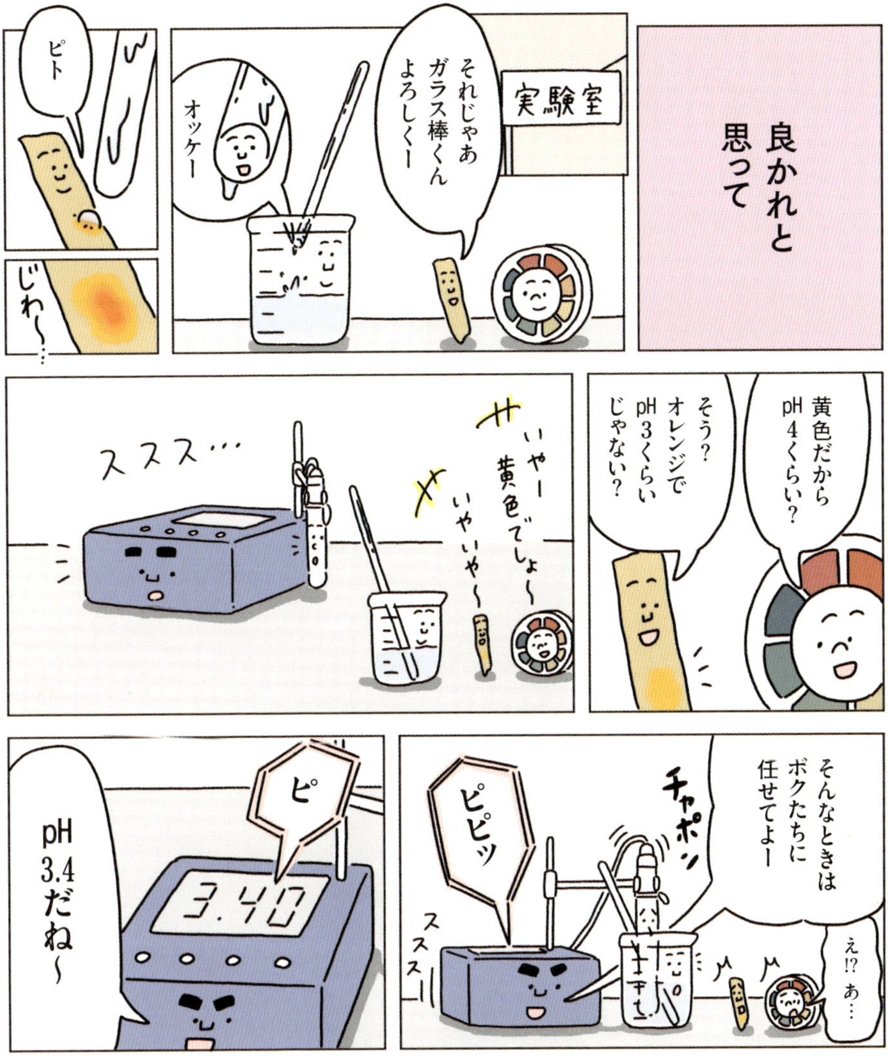
良かれと思って
実験室
それじゃあガラス棒くんよろしくー
オッケー
ピト
じわ〜…
黄色だからpH 4くらい?
そう?オレンジでpH 3くらいじゃない?
いやー黄色でしょ〜
いやいや〜
ススス…
そんなときはボクたちに任せてよー
チャポン
ピピッ
ススス
え!? あ…
ピ
3.40
pH 3.4だね〜

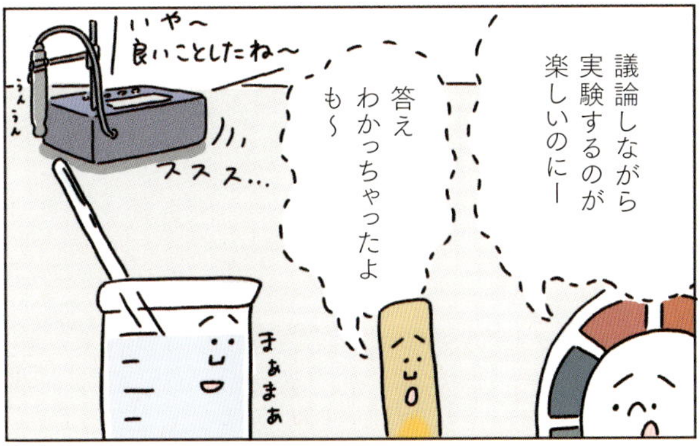
議論しながら実験するのが楽しいのにー
答えわかっちゃったよも〜
いや〜良いことしたね〜
うんうん
ススス…
まぁまぁ

ビーカーくんメモ

▼pHメーターくんなら一発だもんね

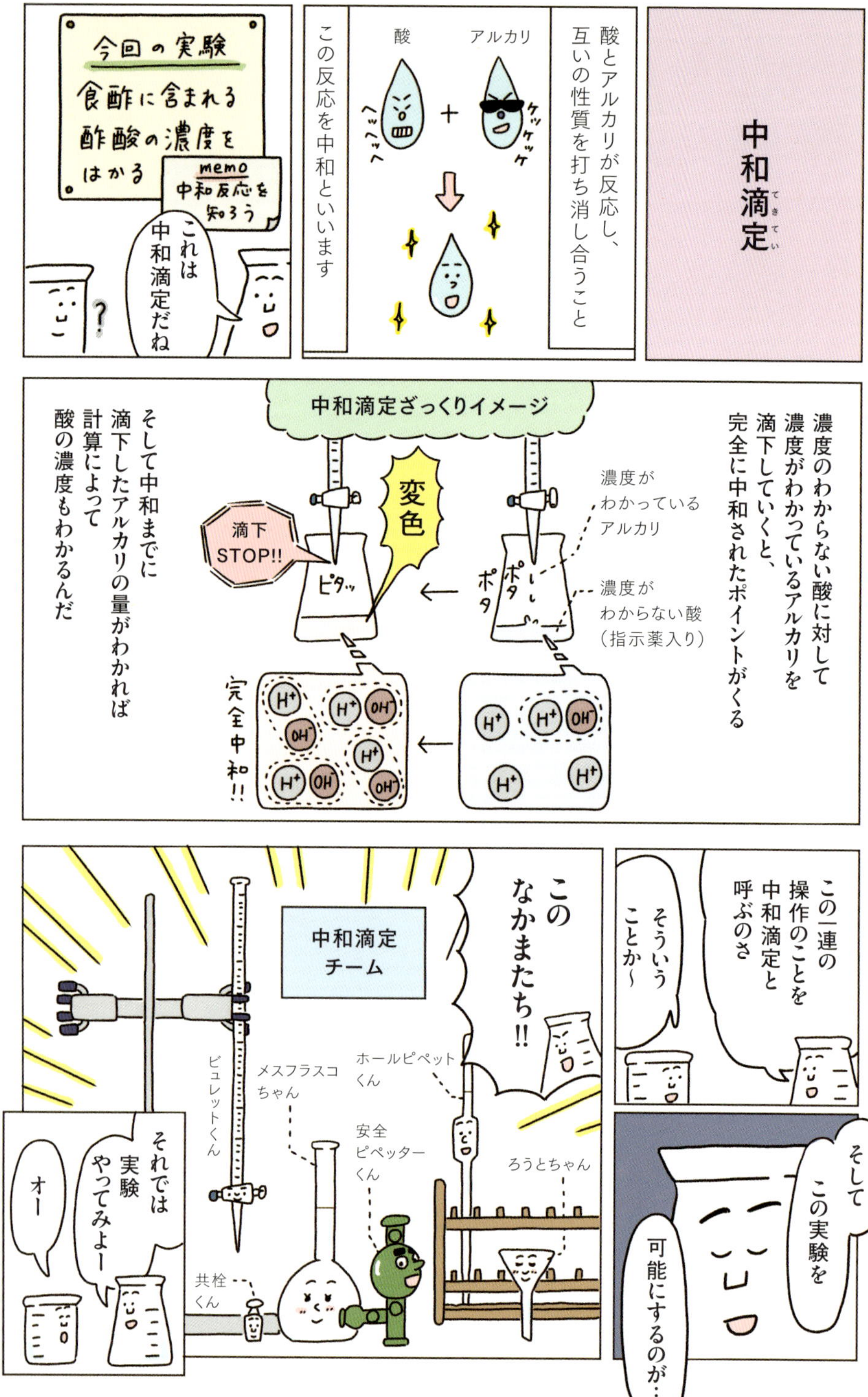
中和滴定《てきてい》
酸とアルカリが反応し、互いの性質を打ち消し合うこと
酸
アルカリ
ヘッヘッヘ
ケッケッケ
この反応を中和といいます
今回の実験
食酢に含まれる酢酸の濃度をはかる
memo
中和反応を知ろう
これは中和滴定だね
?
中和滴定ざっくりイメージ
濃度のわからない酸に対して濃度がわかっているアルカリを滴下していくと、完全に中和されたポイントがくる
濃度がわかっているアルカリ
濃度がわからない酸（指示薬入り）
ポタ
ポタ
変色
滴下STOP!!
ピタッ
完全中和!!
そして中和までに滴下したアルカリの量がわかれば計算によって酸の濃度もわかるんだ
この一連の操作のことを中和滴定と呼ぶのさ
そういうことか〜
このなかまたち!!
中和滴定チーム
ビュレットくん
メスフラスコちゃん
ホールピペットくん
安全ピペッターくん
ろうとちゃん
共栓くん
そして この実験を
可能にするのが…
それでは実験やってみよー
オー

実験の手順

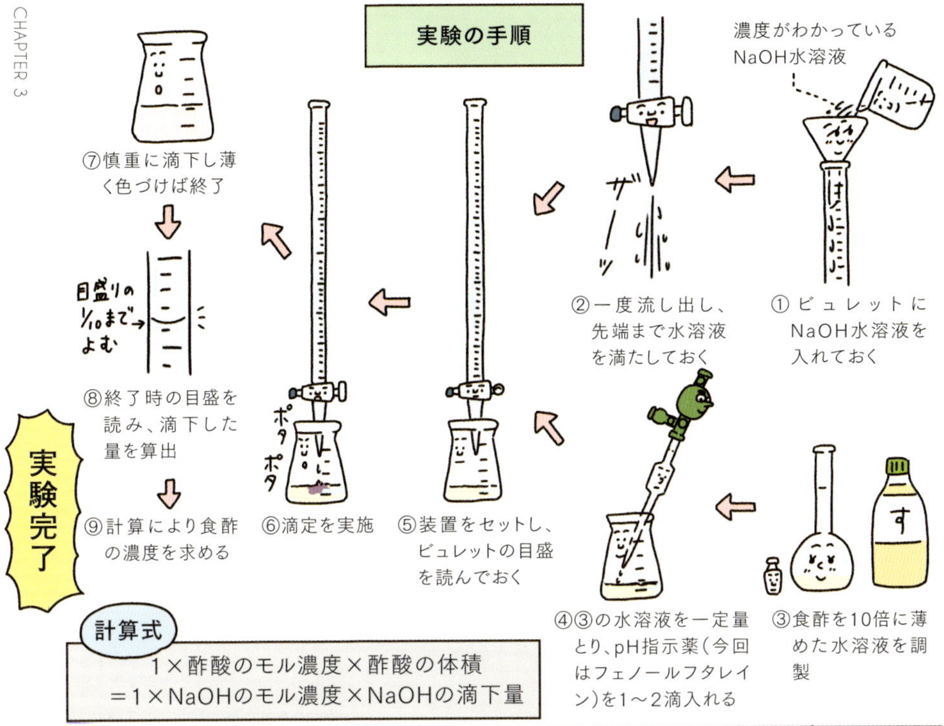
濃度がわかっている
NaOH水溶液
①ビュレットにNaOH水溶液を入れておく
ザーッ
②一度流し出し、先端まで水溶液を満たしておく
す
③食酢を10倍に薄めた水溶液を調製
④③の水溶液を一定量とり、pH指示薬（今回はフェノールフタレイン）を1〜2滴入れる
⑤装置をセットし、ビュレットの目盛を読んでおく
ポタポタ
⑥滴定を実施
⑦慎重に滴下し薄く色づけば終了
目盛りの1/10までよむ
⑧終了時の目盛を読み、滴下した量を算出
⑨計算により食酢の濃度を求める
実験完了

計算式

1×酢酸のモル濃度×酢酸の体積
＝1×NaOHのモル濃度×NaOHの滴下量

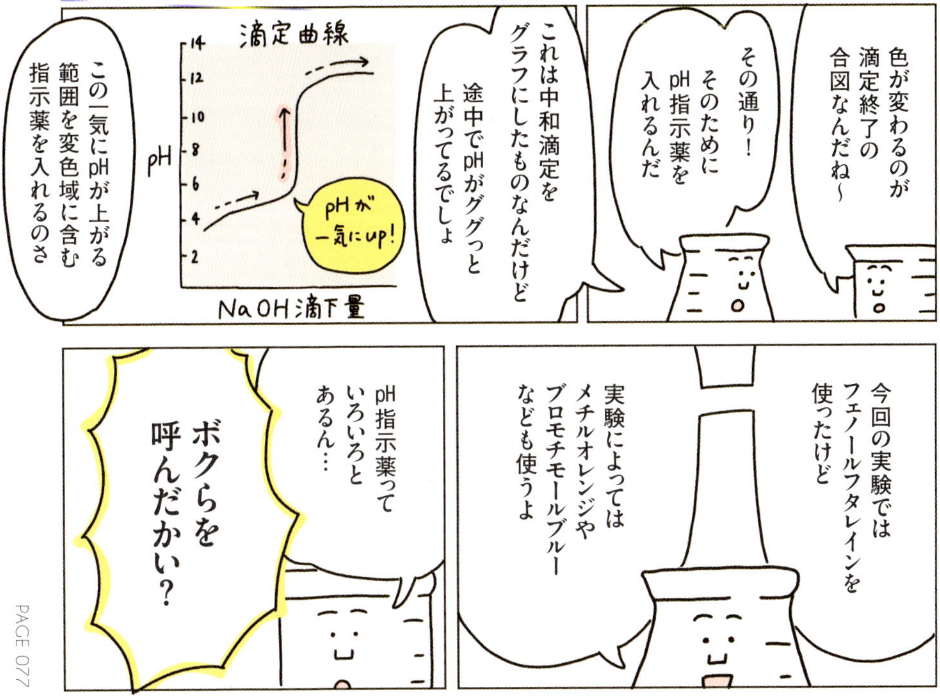
色が変わるのが滴定終了の合図なんだね〜
その通り！そのためにpH指示薬を入れるんだ
これは中和滴定をグラフにしたものなんだけど
途中でpHがググっと上がってるでしょ
滴定曲線
14
12
10
8
6
4
2
pH
NaOH滴下量
pHが一気にup!
この一気にpHが上がる範囲を変色域に含む指示薬を入れるのさ
今回の実験ではフェノールフタレインを使ったけど
実験によってはメチルオレンジやブロモチモールブルーなども使うよ
pH指示薬っていろいろとあるん…
ボクらを呼んだかい？

変色域pH 8.0～9.8
フェノールフタレイン
変色域pH 6.0～7.6
ブロモチモールブルー
変色域pH 3.1～4.4
メチルオレンジ
われら pH指示薬3人衆
pHが変わると変色する能力を持ってるのさ～
すごい能力～
pH指示薬３人衆
あれ？
フェノールフタレインくんだけ、名前に色が入ってないんだね～
ずーん
あ、ごめん…
気にしてたんだ…

安全なのにスリリングな化学実験といえば、ナンバーワンがこの中和滴定。屹立するビュレットくんのかっこよさ、コニカルビーカーくんのかわいらしさに対して、「あと1滴、あと半滴、あと4分の1滴…」と、果てしなく続くぎりぎりの緊張感はこの実験ならでは。滴下しすぎてフェノールフタレインが真っ赤になった瞬間に襲う虚無感も、これまた絶大（最初からやり直しですから～）。それだけに、うまくいったときの喜びは格別の実験であります。

ビーカーくんメモ

▼中和滴定にはpH指示薬が重要なんだ

pH指示薬3人衆

正式名称 pH指示薬
（pH indicator）

得意技 pH変化を表すこと。

キャラ特性 数ある指示薬の中でもよく活躍する人気トリオ。

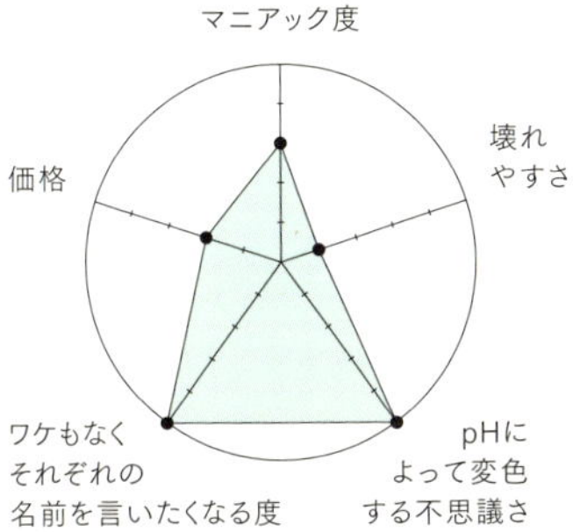
マニアック度
壊れやすさ
pHによって変色する不思議さ
ワケもなくそれぞれの名前を言いたくなる度
価格

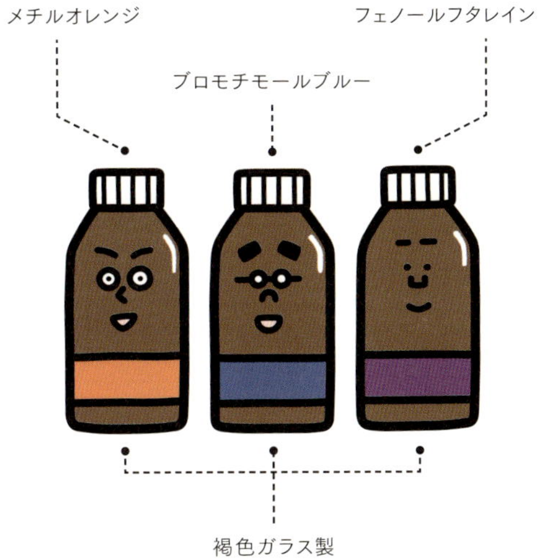
メチルオレンジ
ブロモチモールブルー
フェノールフタレイン
褐色ガラス製

｛ 指示薬が示す色とpHの関係 ｝

様々な色になるんだね～

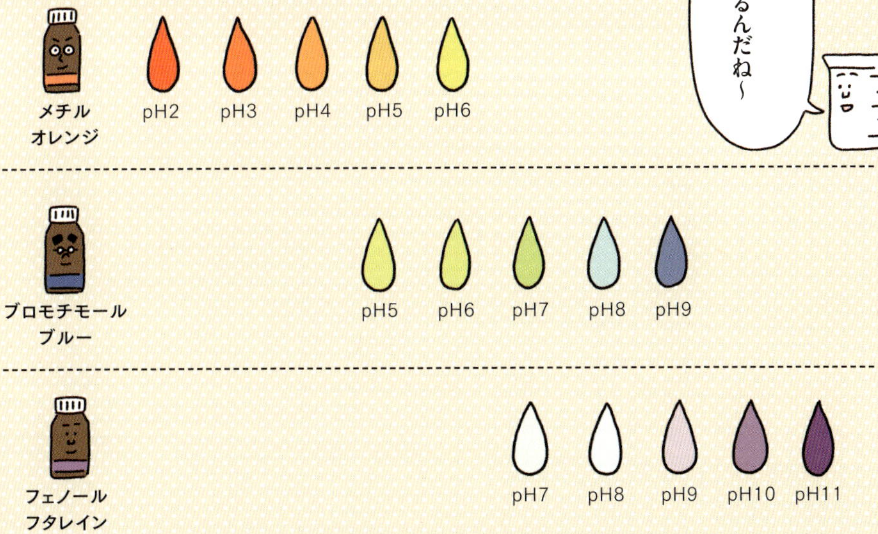
メチルオレンジ
pH2
pH3
pH4
pH5
pH6
ブロモチモールブルー
pH5
pH6
pH7
pH8
pH9
フェノールフタレイン
pH7
pH8
pH9
pH10
pH11

食酢中の酢酸濃度測定実験

実験目的

- 中和滴定によって濃度不明の酢酸の濃度を求めること

実験手順

①ビュレットの先端までNaOH水溶液を満たしておく。
②食酢を薄めた水溶液を一定量とり、フェノールフタレインを入れておく。
③装置をセットし滴定を実施する。
④薄く色づけば滴定終了。
⑤滴下量を算出し、計算する。

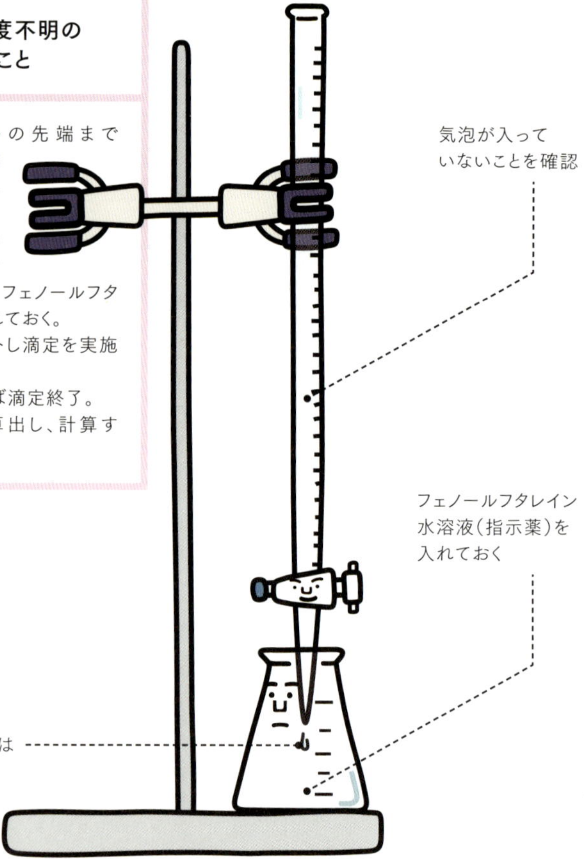
気泡が入っていないことを確認
フェノールフタレイン水溶液（指示薬）を入れておく
中和点付近では特に慎重に

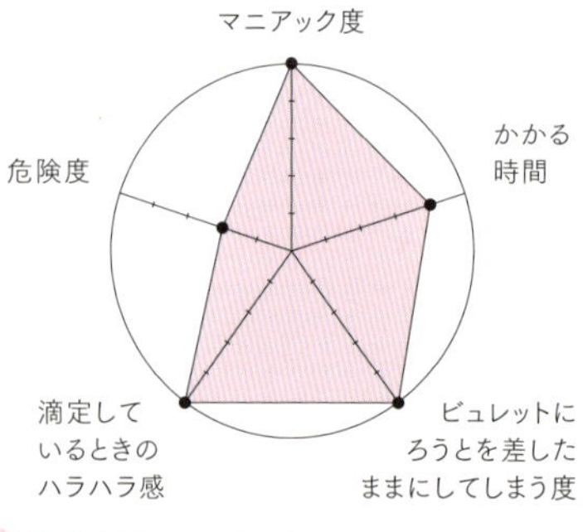
マニアック度
かかる時間
ビュレットにろうとを差したままにしてしまう度
滴定しているときのハラハラ感
危険度

ワンポイントアドバイス
Onepoint Advice

“コニカルビーカーくんの代わりに三角フラスコくんでもOKだよ”

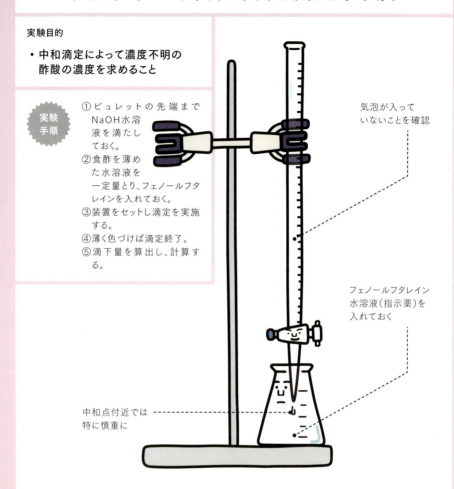

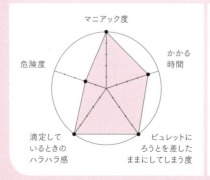

{ 中和滴定における注意点 }

精度よく実験するために気をつけよう

共洗《ともあら》い

実験の準備として、実験で使用する液体を器具の中に2～3回通してすすぐことを「共洗い」という。共洗いが必要なものとそうでないものがある

水でぬれていても共洗いが不要な器具

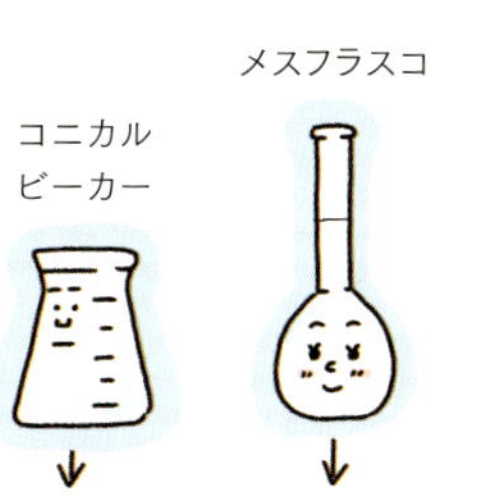
コニカルビーカー
メスフラスコ

コニカルビーカー → 溶質の量は変化しないので結果には影響しない

メスフラスコ → 純水を加えて濃度を合わせるため（メスアップ）

水でぬれていたら共洗いが必要な器具

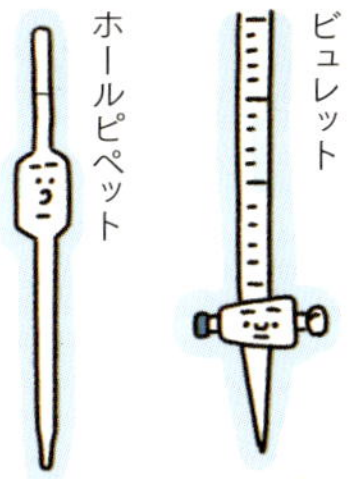
ホールピペット
ビュレット

水溶液の濃度が変化し、それが実験結果に影響するため

pH指示薬の選び方

酸とアルカリの組み合わせによって、使用する指示薬を変える必要がある

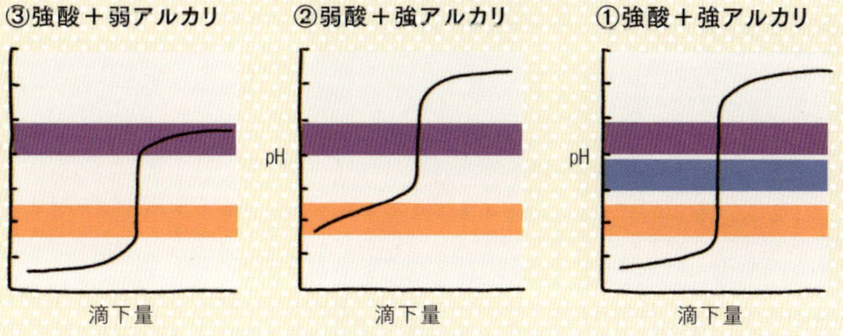
①強酸＋強アルカリ
pH
滴下量
②弱酸＋強アルカリ
pH
滴下量
③強酸＋弱アルカリ
pH
滴下量

①強酸＋強アルカリ → フェノールフタレイン or ブロモチモールブルー or メチルオレンジ

②弱酸＋強アルカリ → フェノールフタレイン

③強酸＋弱アルカリ → メチルオレンジ

- フェノールフタレインの変色域
- ブロモチモールブルーの変色域
- メチルオレンジの変色域

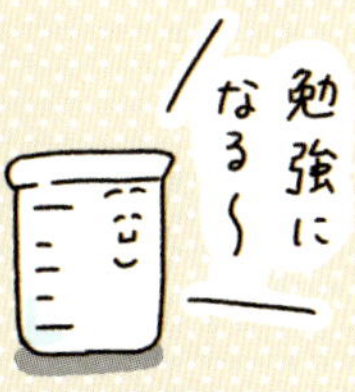
勉強になる～

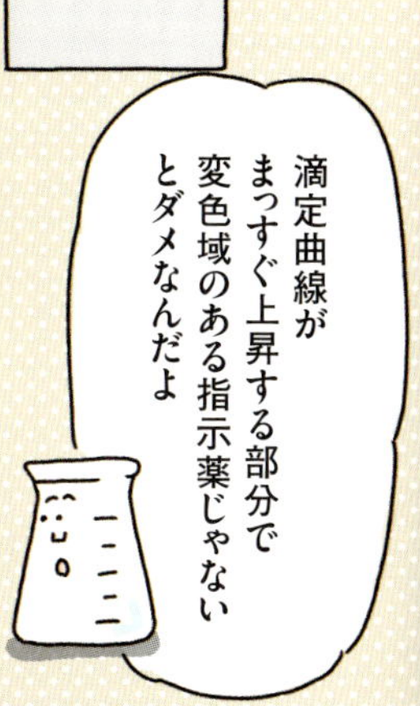
滴定曲線がまっすぐ上昇する部分で変色域のある指示薬じゃないとダメなんだよ

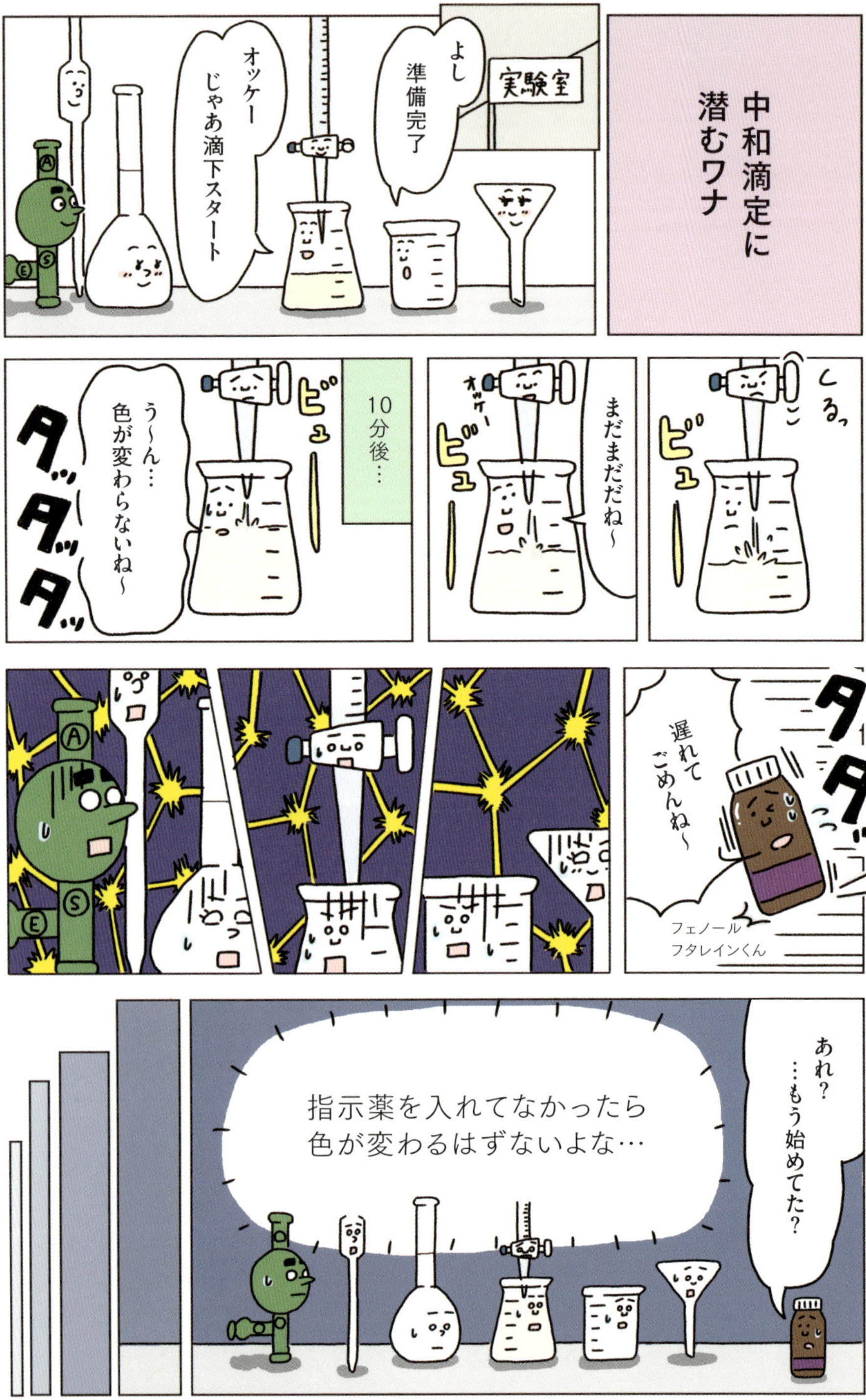
中和滴定に潜むワナ
実験室
よし 準備完了
オッケー じゃあ滴下スタート
くるっ
ビュ
オッケー
ビュ
まだまだだね〜
10分後…
ビュ
う〜ん… 色が変わらないね〜
タッ タッ タッ
タタッ
遅れて ごめんね〜
フェノール フタレインくん
あれ？ …もう始めてた？
指示薬を入れてなかったら
色が変わるはずないよな…

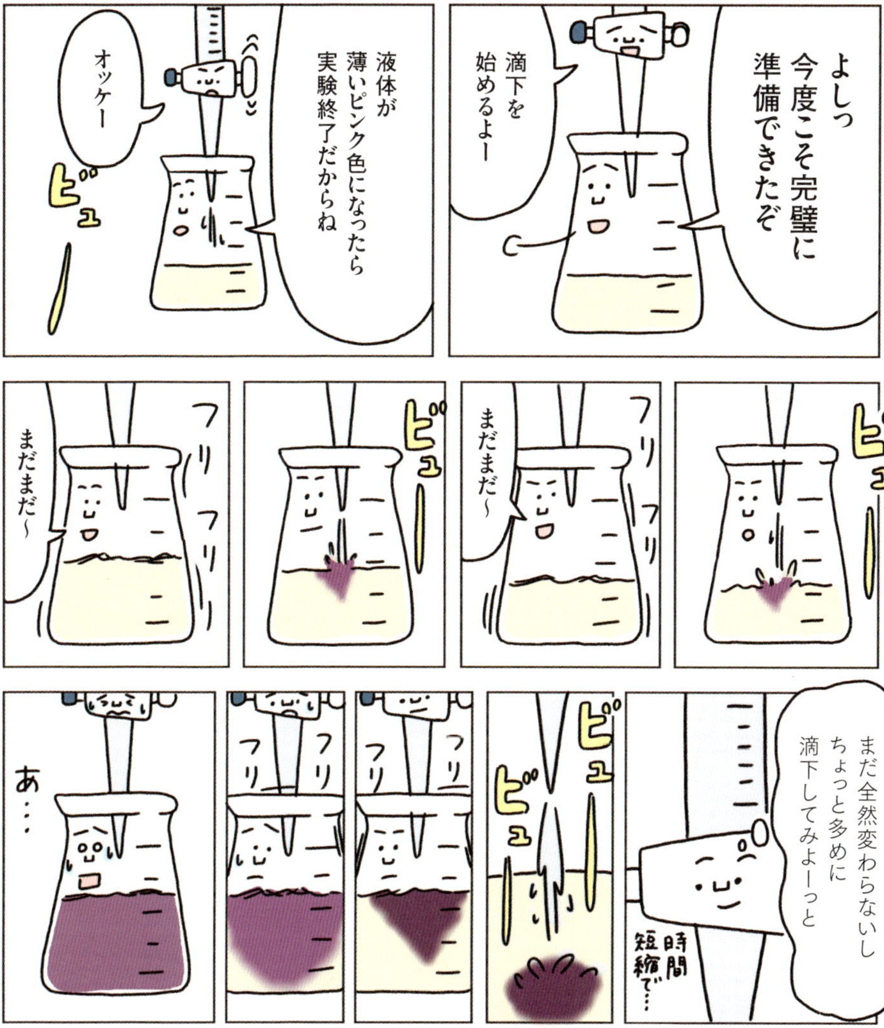

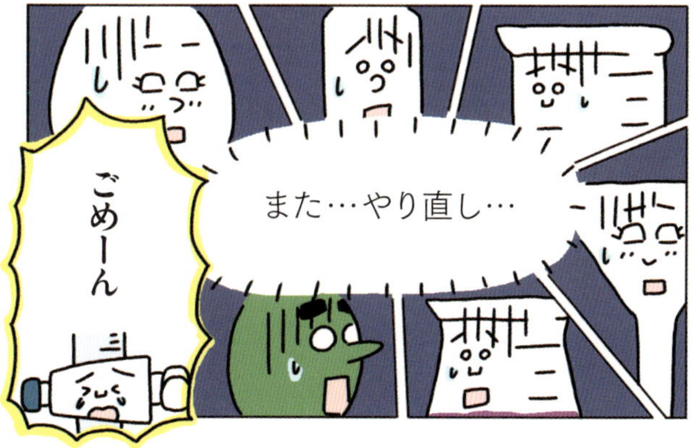

ビーカーくんメモ

▼滴下しすぎて濃い紫色になっちゃうと正しい実験結果が得られないんだ…

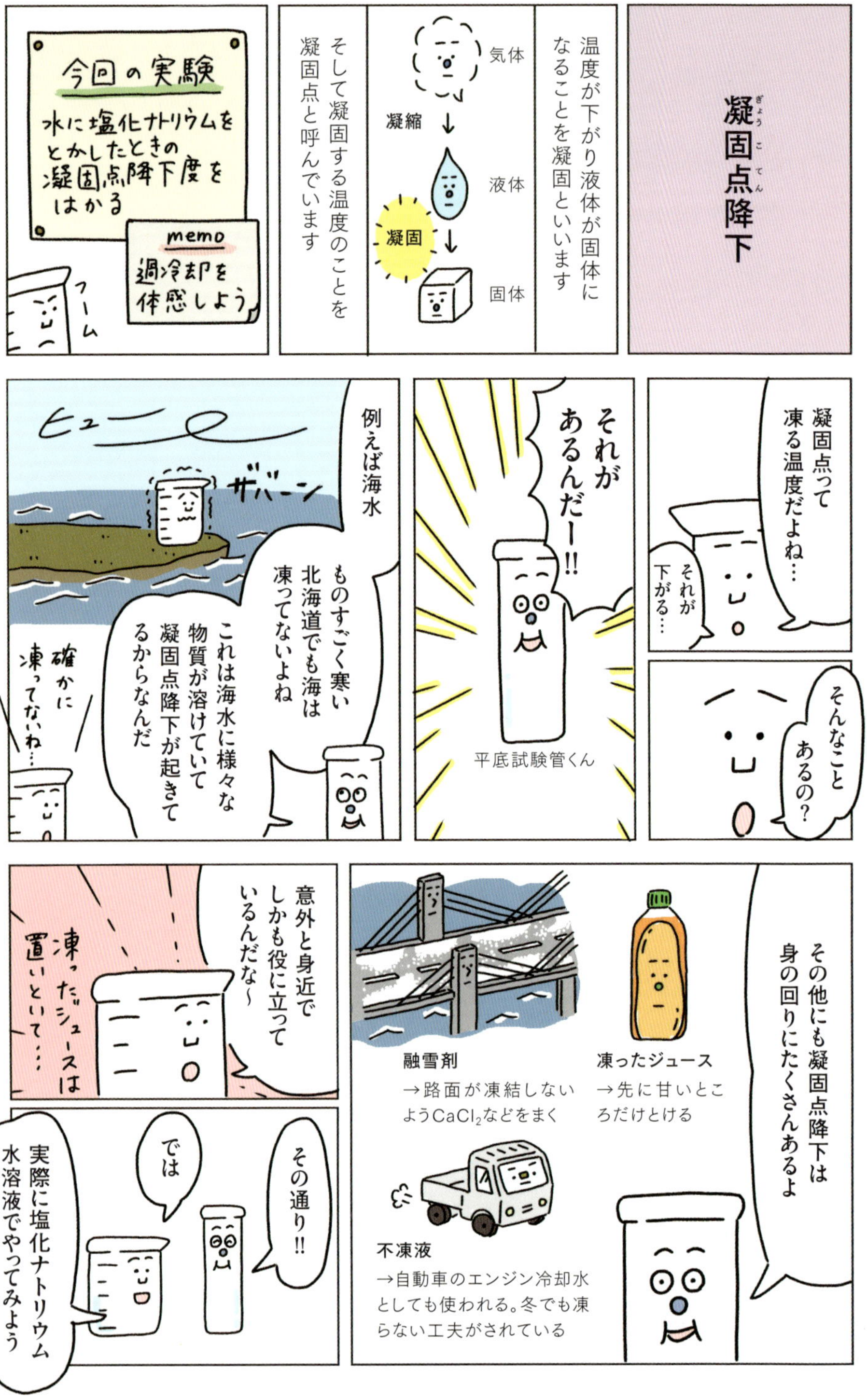
凝《ぎょう》固《こ》点《てん》降下
温度が下がり液体が固体になることを凝固といいます
気体
凝縮
液体
凝固
固体
そして凝固する温度のことを凝固点と呼んでいます
今回の実験
水に塩化ナトリウムをとかしたときの凝固点降下度をはかる
memo
過冷却を体感しよう
フーム
凝固点って凍る温度だよね…
それが下がる…
そんなことあるの?
それがあるんだー!!
平底試験管くん
例えば海水
ヒュー
ザバーン
ものすごく寒い北海道でも海は凍ってないよね
これは海水に様々な物質が溶けていて凝固点降下が起きてるからなんだ
確かに凍ってないね…
その他にも凝固点降下は身の回りにたくさんあるよ
融雪剤
→路面が凍結しないよう$CaCl_2$などをまく
凍ったジュース
→先に甘いところだけとける
不凍液
→自動車のエンジン冷却水としても使われる。冬でも凍らない工夫がされている
意外と身近でしかも役に立っているんだな～
凍ったジュースは置いといて…
その通り!!
では
実際に塩化ナトリウム水溶液でやってみよう

ちなみにグラフのポコッとしてるところは「過冷却状態」といって凝固点以下なのに凍ってない不安定な状態なのさ

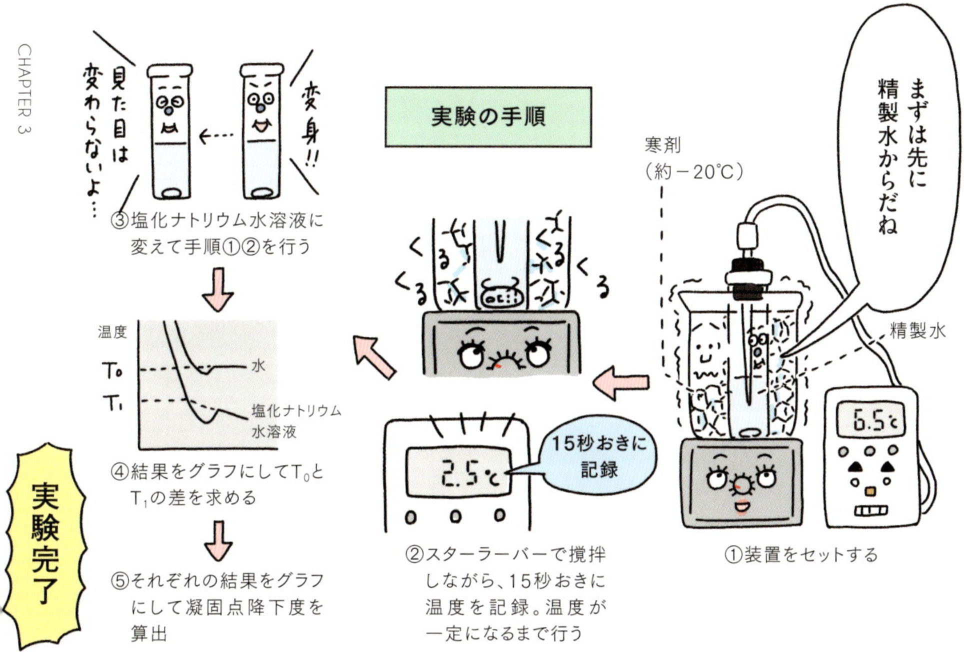

水をマイナス4℃ほどまで静かに冷やすと、液体のまま凍らない「過冷却」状態になります。ちょっとしたショックで急に凍り始めるというマジック的な楽しい実験ですが、問題はどうやって冷やすか…冷凍室は通常マイナス18℃なので、つい冷やしすぎて凍ってしまう。そこで凝固点降下を利用しようと、水に食塩をめいっぱい溶かしたのです。と、今度は凍らない…汗（飽和食塩水の凝固点はマイナス22℃）。結局、冷やす時間を測ってタイマーをかけるのがいちばん…という結果になりました。とほ。

ビーカーくんメモ

▼海水が凍らないのは凝固点降下が起きているから

凝固点降下度の測定実験

実験目的

- **塩化ナトリウムを溶かすことで凝固点が下がる幅を調べること**

実験手順

①平底試験管に精製水を入れ、装置をセット。
②撹拌しながら15秒おきに温度を測定。
③塩化ナトリウム水溶液でも同様に行う。
④グラフ化し凝固点降下度を求める。

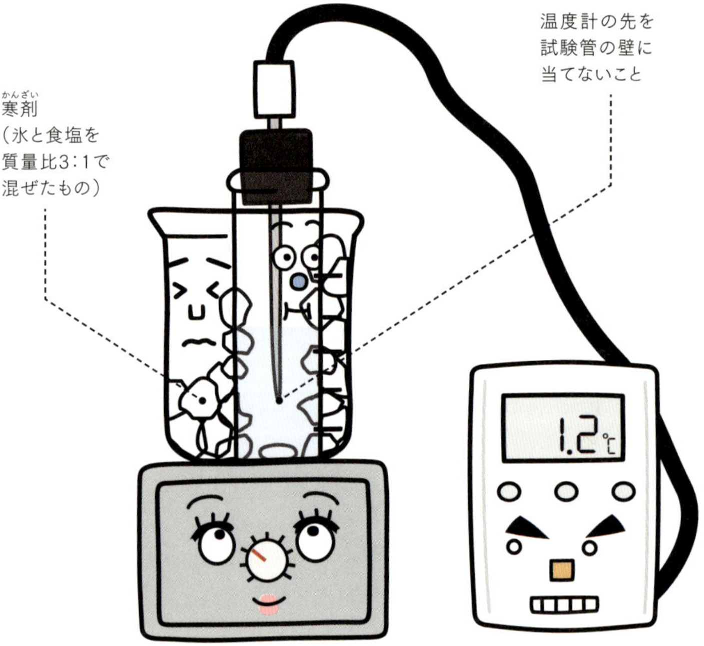

寒剤《かんざい》
(氷と食塩を
質量比3:1で
混ぜたもの)
温度計の先を
試験管の壁に
当てないこと
1.2℃

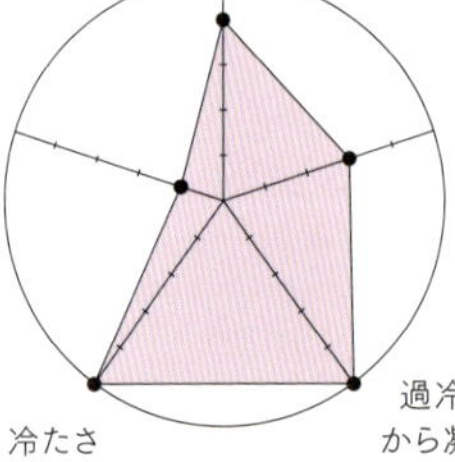

マニアック度
かかる
時間
過冷却状態
から凝固する
瞬間の神秘さ
冷たさ
危険度

ワンポイントアドバイス
Onepoint
Advice

“撹拌《かくはん》しているスターラーバーも
温度計の先に
当てないように気をつけよう”

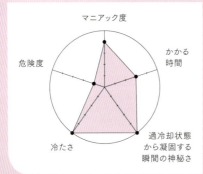

平底試験管くん

正式名称 平底試験管、培養試験管（flat-bottom tube, culture tube）

得意技 中で培養をすること。

キャラ特性 試験管ブラザーズの従兄弟。

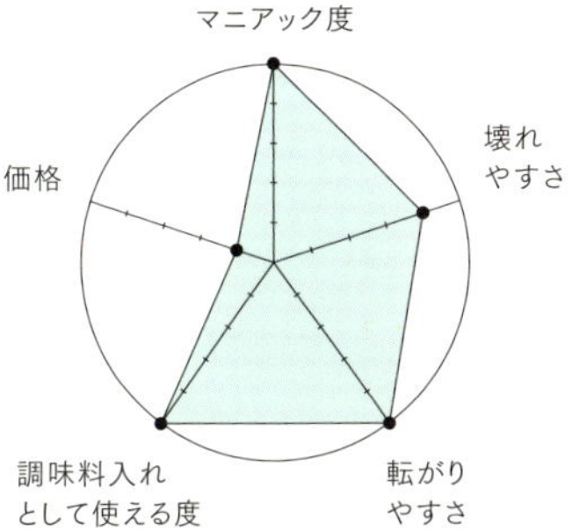
マニアック度
壊れ
やすさ
転がり
やすさ
調味料入れ
として使える度
価格

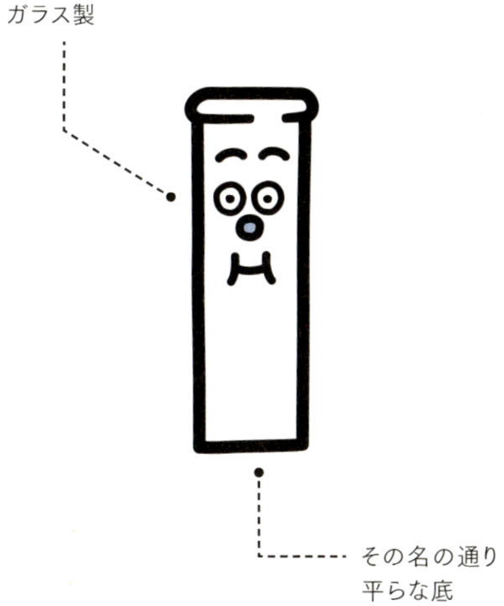
ガラス製
その名の通り
平らな底

小型マグネチックスターラーちゃん

正式名称 小型マグネチックスターラー（small magnetic stirrer）

得意技 磁力でスターラーバーを回転させること。

キャラ特性 マグネチックスターラーくんの妹。

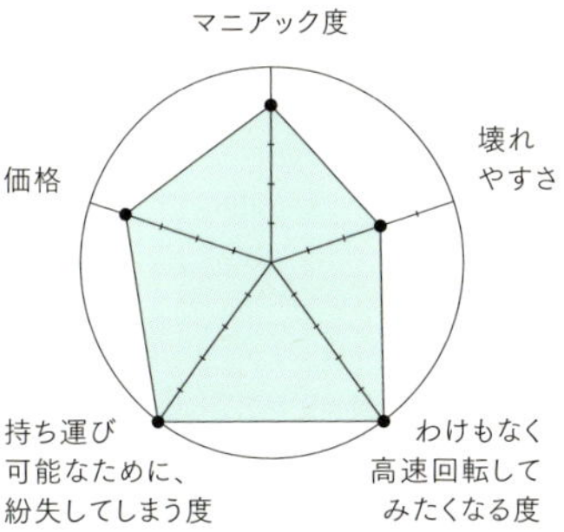
マニアック度
壊れ
やすさ
わけもなく
高速回転して
みたくなる度
持ち運び
可能なために、
紛失してしまう度
価格

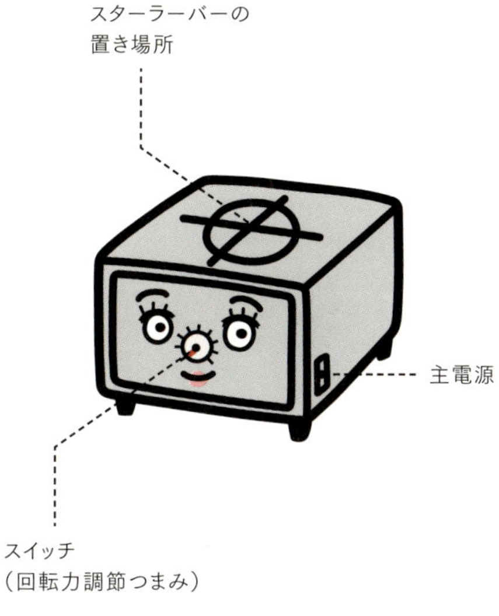
スターラーバーの
置き場所
主電源
スイッチ
（回転力調節つまみ）

COLUMN

観察する実験

　実験で起きる変化を目で見て理解するのが次の章のテーマである「観察する実験」。実験としては比較的派手でわかりやすい…実験らしい実験といえます。ただ…「計測なら目盛りを読めば良いけど、観察って難しいよな～」という声も…。たしかに観察結果を客観的にしっかり捉えるのはコツがいります。ただ単に「光った～」とか「色が変わった～」では科学としては寂しいですからね（と、自己反省……。

　そこでおすすめしたいのは、スケッチを描くこと。下手くそでもマンガでもいいので、とにかく絵で描いてしまう。絵が苦手な人は、気がついたことを文章で書く…すると描こう（書こう）とするときには無意識にしっかり観察しています。書いたメモも大事ですが、記憶にしっかりと刻み込まれるのでありますね。

　科学史上には重要な「観察する実験」が多数あります。例えば有名なものとして１８６５年にオーストリアのグレゴール・ヨハン・メンデルが報告した、いわゆる「メンデルの法則」の元となった実験があります。これは15年にわたってエンドウマメをひたすら人工交配しつづけ、その種子の形などに表れる特徴を観察&分析したものでです。遺伝の法則…とひとくちに言ってしまいがちですが、その観察力と集中力は想像を絶しますね。

　また、観察と実験ということで、19世紀の偉大な科学者　マイケル・ファラデーに触れないわけにはいかないでしょう。ファラデーは「電磁誘導の法則」を発見したとして電磁気学分野で有名ですが、ベンゼンの発見や塩素ハイドレートの研究、ブンゼンバーナーの開発など化学や環境科学にまたがる分野でも業績を残しています。貧困のために小学校中退という学歴だったのに、ほんとにすごい科学者です。関心してしまうのは有名になった晩年に一般や青少年に向けた実験講演（今でいうなら実験ショー）を精力的に続けて、科学の啓蒙にとことん尽くしたことです。ファラデーの伝記を読んで「観察する実験」が好きになった少年も少なくありません（ここにひとりいますっ！）。

CHAPTER 4

観察する実験

水に溶けやすい気体

溶けやすさはバラバラですが水には様々な物質が溶けます
食塩水＝水に塩が溶けたもの
炭酸水＝水に二酸化炭素が溶けたもの
CO_2
食塩や砂糖のような固体はもちろん、気体も溶けるのです
今回の実験
アンモニア噴水を観察する
memo
アンモニアの性質を知ろう
ウッス
また会ったね
アンモニアくん
噴水って、公園にある噴水だよね？
もちろん！
ピューッとなるぜ！
この現象には水への溶けやすさと…
溶解度《ようかいど》
＋
圧力差
圧力の差が関係してるんだぜ
うーん…ちょっと難しそう…
とにかくまずはやってみよう!!
NH_3

実験の手順

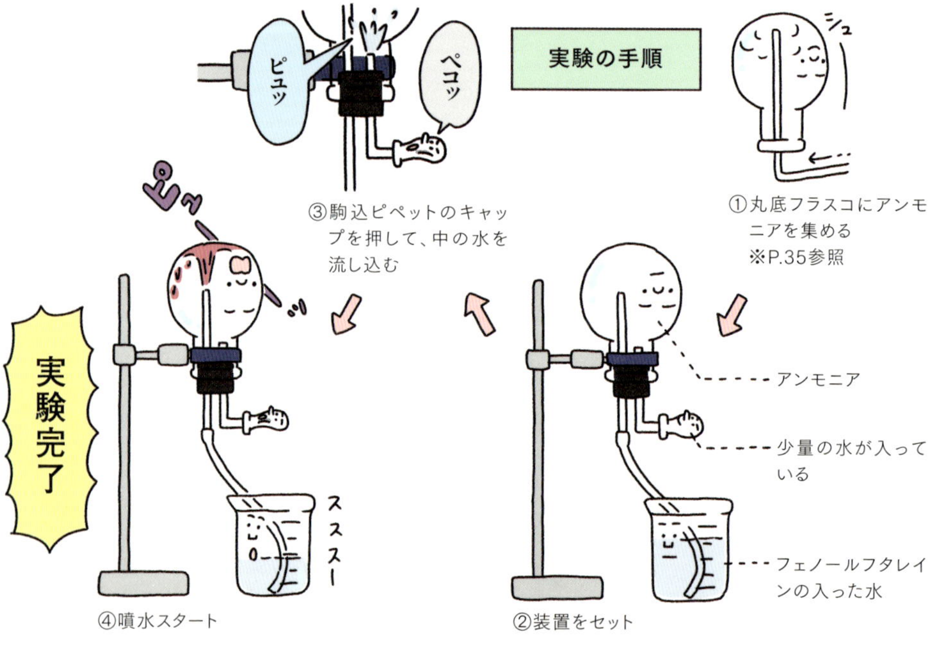
シュ
①丸底フラスコにアンモニアを集める
※P.35参照
アンモニア
少量の水が入っている
フェノールフタレインの入った水
②装置をセット
ピュッ
ペコッ
③駒込ピペットのキャップを押して、中の水を流し込む
スススー
実験完了
④噴水スタート

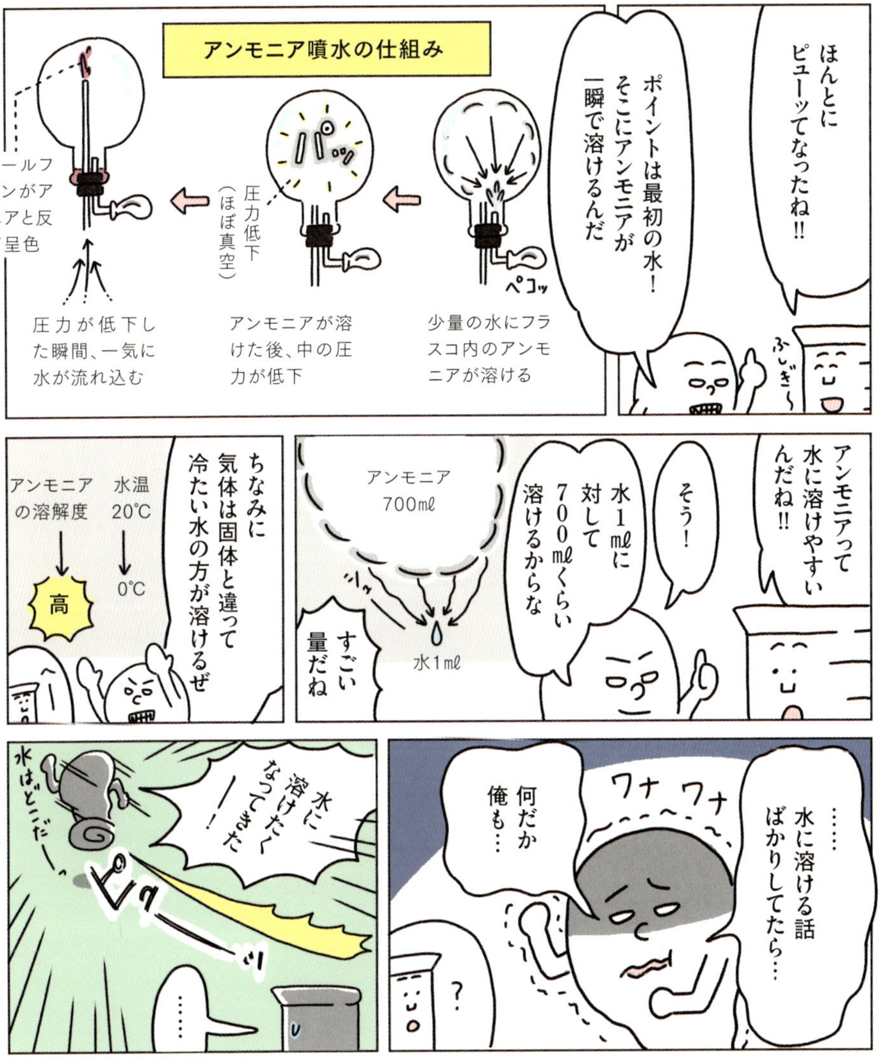
ほんとにピューッてなったね!!
ポイントは最初の水! そこにアンモニアが一瞬で溶けるんだ
ふしぎ〜
アンモニア噴水の仕組み
少量の水にフラスコ内のアンモニアが溶ける
ペコッ
アンモニアが溶けた後、中の圧力が低下
パッ
圧力低下（ほぼ真空）
圧力が低下した瞬間、一気に水が流れ込む
フェノールフタレインがアンモニアと反応して呈色
アンモニアって水に溶けやすいんだね!!
そう!
水1mlに対して700mlくらい溶けるからな
アンモニア 700ml
シュッ
水1ml
すごい量だね
ちなみに気体は固体と違って冷たい水の方が溶けるぜ
水温 20℃ 0℃
アンモニアの溶解度 高
……水に溶ける話ばかりしてたら…
ワナ〜ワナ〜
何だか俺も…
?
水に溶けたくなってきた——!
ピタッ
水はどこだ〜
……

アンモニア噴水の実験を最初に見たときは衝撃でした。無色透明の液体がフラスコ内に噴出した瞬間、水に入れてあったフェノールフタレインが真っ赤に呈色!。おもわず「げーっ!」と声を上げてしまいました。思い出したのが黒澤明映画『椿三十郎』のラストシーン。ネタバレ防止のために詳細は伏せますが、噴き出す血しぶきがまさにアンモニア噴水のごとく…。おっと、この映画はモノクロ作品なので、上記はあくまで想像上での一致ですが（名作です、ご一見あれ!）。

ビーカーくんメモ

▼アンモニアは水にすごく溶ける

アンモニア噴水実験

実験目的

- アンモニアの水への溶けやすさを体感すること

実験手順

①丸底フラスコにアンモニアを集める。
②装置をセット。
③少量の水をフラスコの中に流し込む。
④噴水がスタートする。

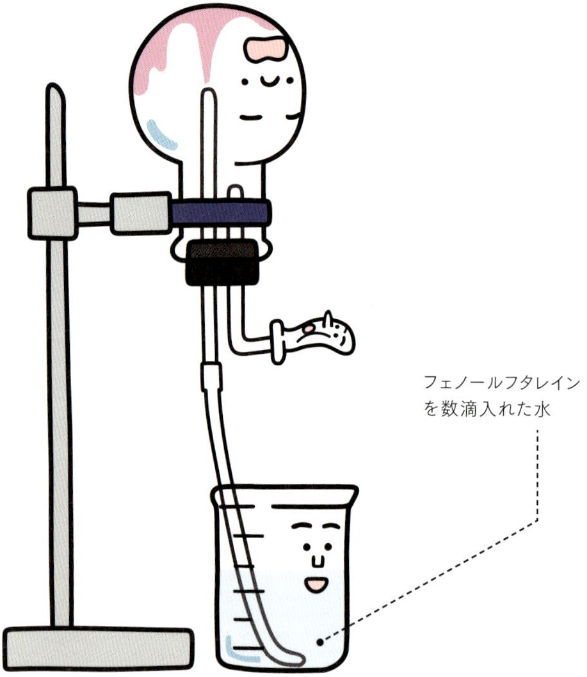
フェノールフタレイン
を数滴入れた水

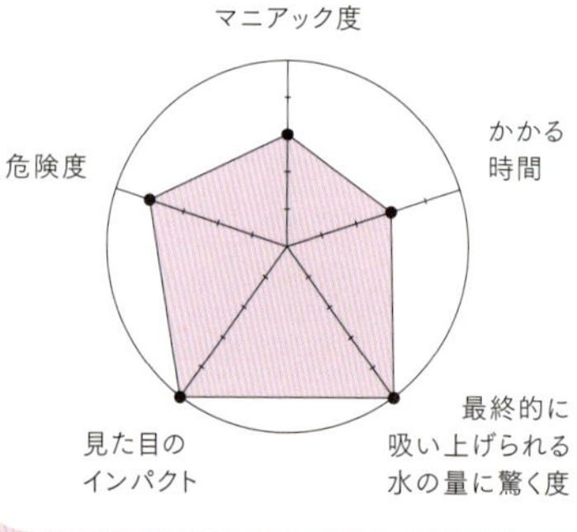
マニアック度
かかる
時間
最終的に
吸い上げられる
水の量に驚く度
見た目の
インパクト
危険度

ワンポイントアドバイス
Onepoint
Advice

“フェノールフタレインの入れ忘れに注意してね”

ビーカーくんメモ

▼パっと見は似てるもんね

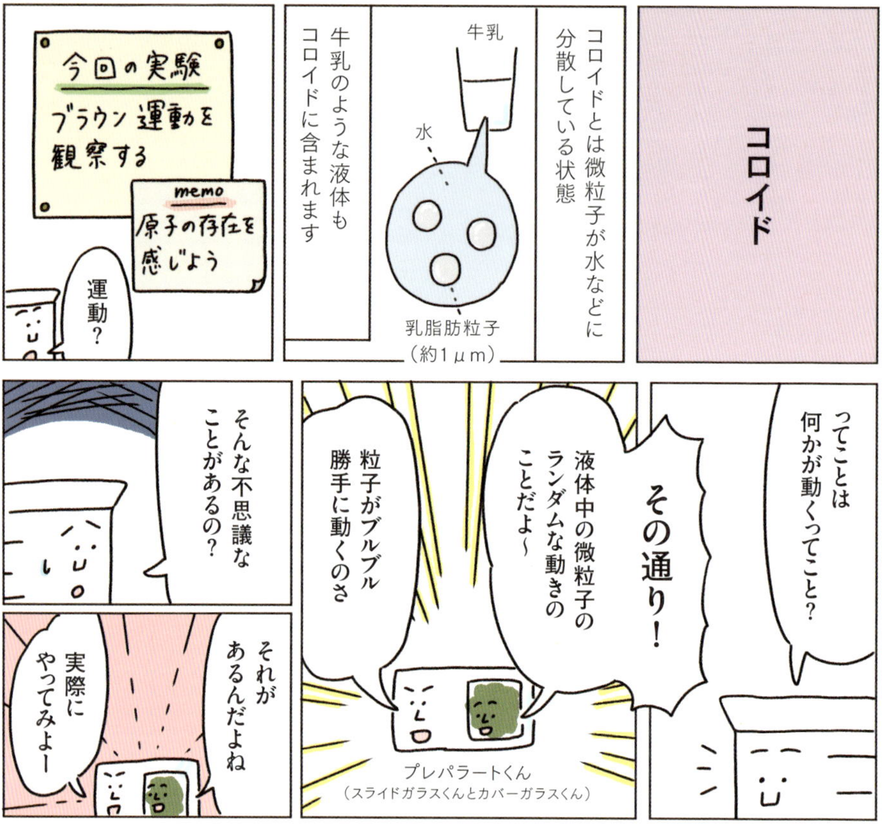
コロイド
コロイドとは微粒子が水などに分散している状態
牛乳
水
乳脂肪粒子（約1μm）
牛乳のような液体もコロイドに含まれます
今回の実験
ブラウン運動を観察する
memo
原子の存在を感じよう
運動？
ってことは何かが動くってこと？
その通り！
液体中の微粒子のランダムな動きのことだよ～
粒子がブルブル勝手に動くのさ
プレパラートくん
（スライドガラスくんとカバーガラスくん）
そんな不思議なことがあるの？
それがあるんだよね
実際にやってみよー

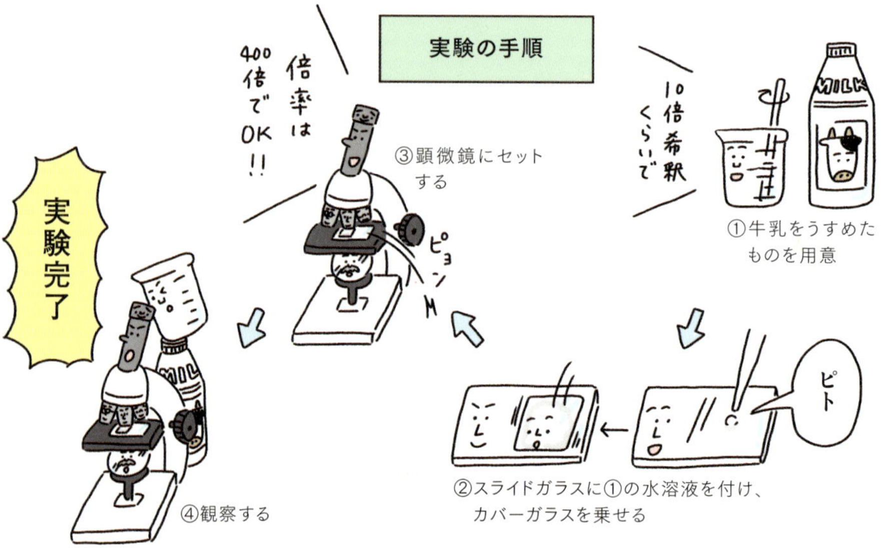
実験の手順
MILK
10倍希釈くらいで
①牛乳をうすめたものを用意
ピト
②スライドガラスに①の水溶液を付け、カバーガラスを乗せる
③顕微鏡にセットする
倍率は400倍でOK!!
ピョン
MILK
④観察する
実験完了

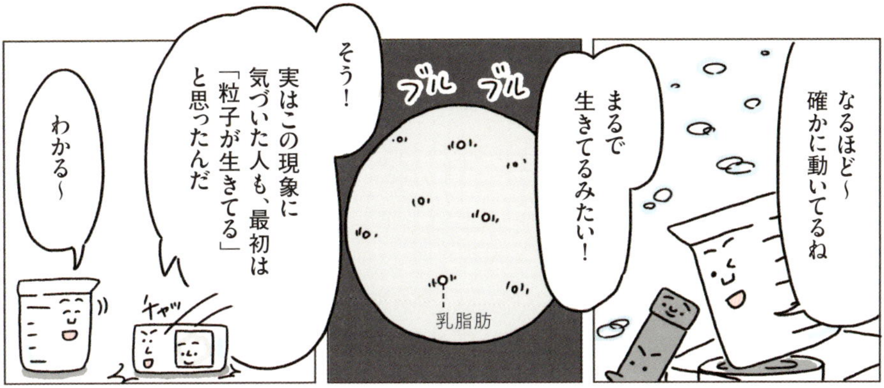

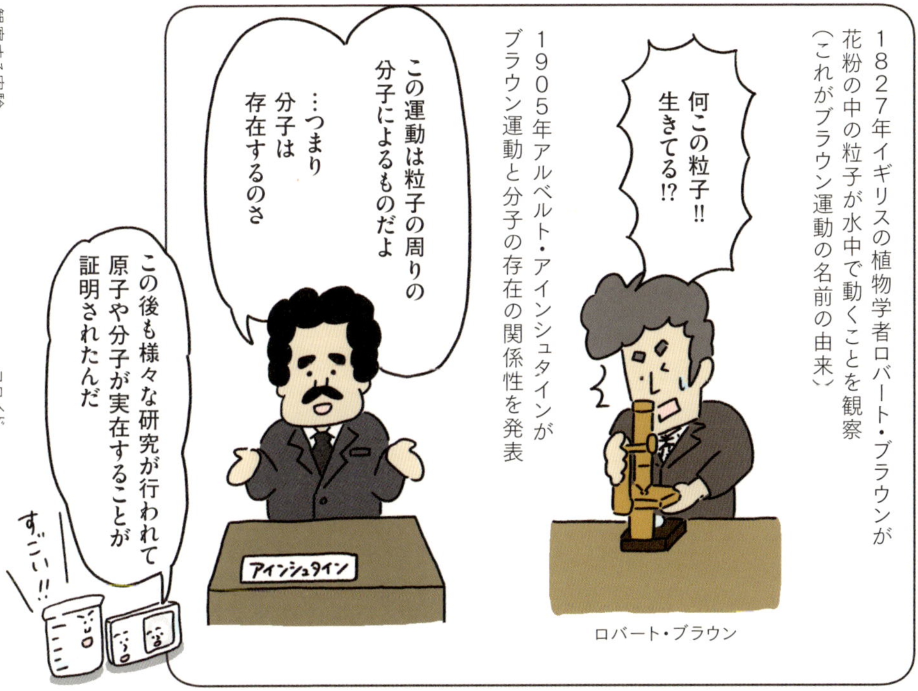

ブラウン運動は花粉の顕微鏡観察中に見出された…と知ったある顕微鏡マニアの少年は、自分も見たい…と毎日のように観察を続けました。ところが、どの花粉もちっとも運動してくれません。で、本を読み返すと「花粉から流出した粒子が…」と書いてあるではありませんか！そーです。花粉の本体はブラウン運動には重すぎるのでした。「文献はていねいに読むべし」と痛感した少年ですが、最近もしょっちゅう読み間違えしてボケを疑われています（誰とは言わんがぁ〜）。

ビーカーくんメモ

▼ブラウン運動はロバート・ブラウンさんが名前の由来

ブラウン運動の観察実験

実験目的

- **ブラウン運動の観察を通して水分子の存在を感じること**

実験手順

①牛乳をうすめたものを用意。
②①の液体を入れたプレパラートを作成。
③顕微鏡にプレパラートをセット。
④観察する。

両目を
閉じないこと
プレパラートを
セット

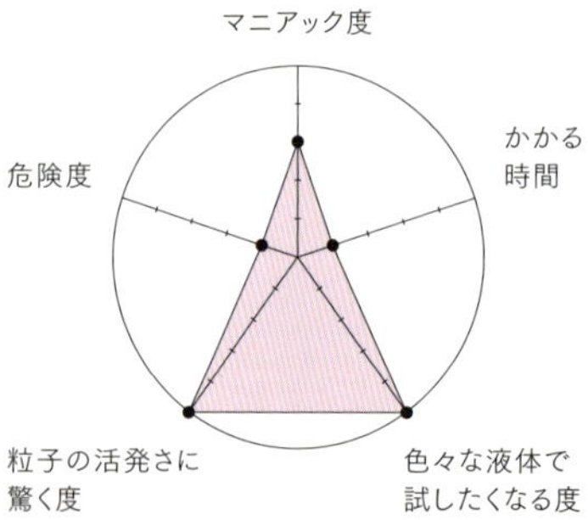
マニアック度
かかる
時間
色々な液体で
試したくなる度
粒子の活発さに
驚く度
危険度

ワンポイントアドバイス
Onepoint Advice

“牛乳以外に墨汁や絵の具でも観察可能だよ”

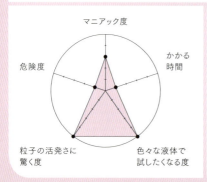

{ 身の周りのコロイド }

		分散媒（周りの物質）		
		固体	液体	気体
分散質（分散している粒子）	固体	着色ガラス ルビー	墨汁 絵の具	けむり ほこり
	液体	ゼリー ポマード	牛乳 マヨネーズ	雲 スプレー製品
	気体	発泡スチロール	シェービングフォーム	なし

化学発光

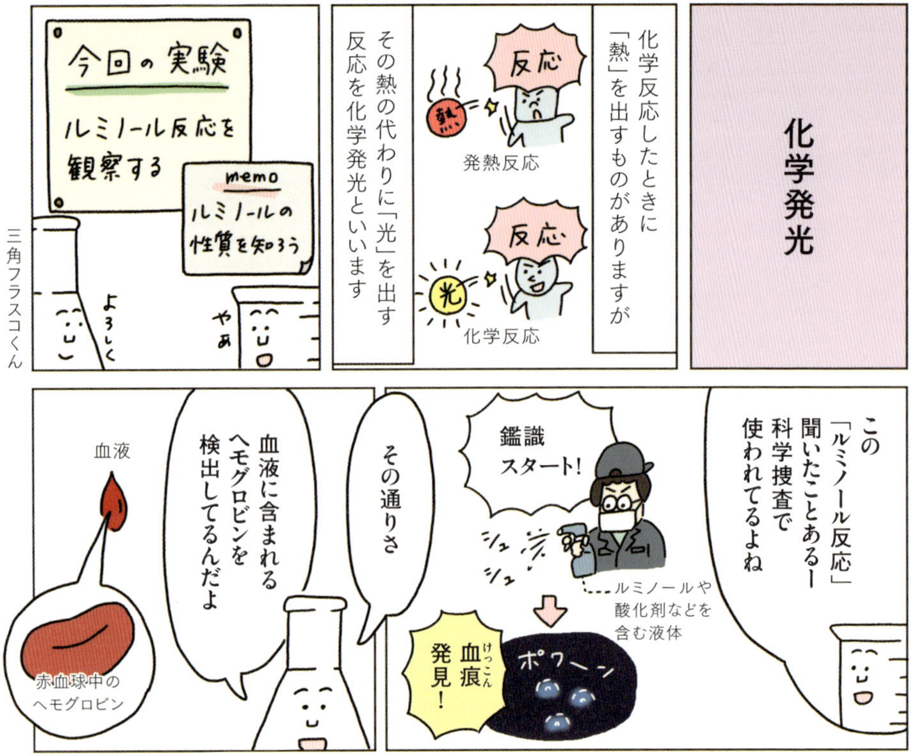
化学反応したときに「熱」を出すものがありますが
反応
熱
発熱反応
反応
光
化学反応
その熱の代わりに「光」を出す反応を化学発光といいます
今回の実験
ルミノール反応を観察する
memo
ルミノールの性質を知ろう
やあ
よろしく
三角フラスコくん
この「ルミノール反応」聞いたことあるー 科学捜査で使われてるよね
鑑識スタート!
シュ シュ
ルミノールや酸化剤などを含む液体
血痕《けっこん》発見!
ポワーン
その通りさ
血液に含まれるヘモグロビンを検出してるんだよ
血液
赤血球中のヘモグロビン

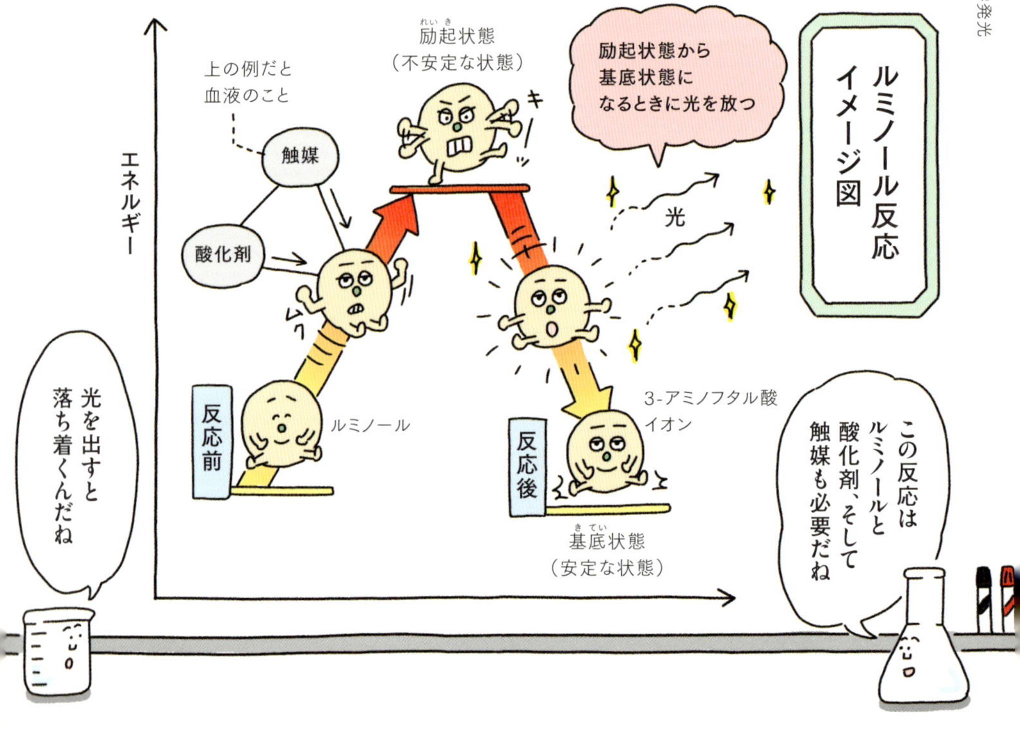
ルミノール反応イメージ図
励起《れいき》状態
（不安定な状態）
励起状態から基底状態になるときに光を放つ
上の例だと血液のこと
触媒
酸化剤
エネルギー
キーッ
光
反応前
ルミノール
反応後
3-アミノフタル酸イオン
基底《きてい》状態
（安定な状態）
この反応はルミノールと酸化剤、そして触媒も必要だね
光を出すと落ち着くんだね

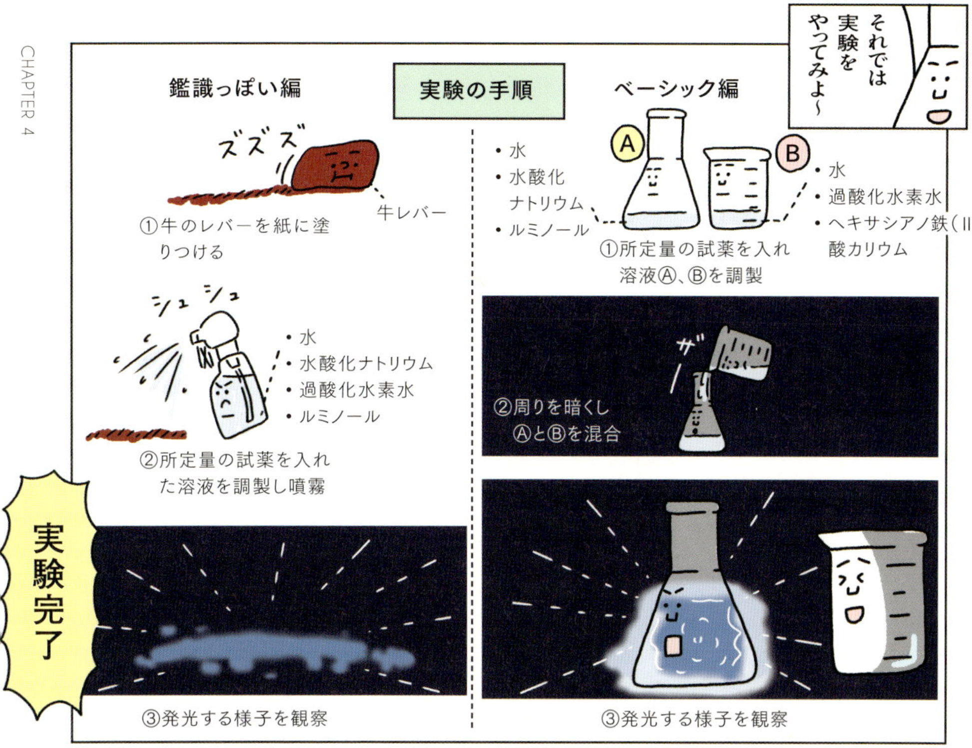

2000人の子供たちを集めた大型実験ショーでルミノール反応を実演しました。どうせなら大規模に…と、縦横が畳1枚ほどの水槽を仲間と製作したのです。が、使用する溶液はA液B液合計で約200リットル！液の重さ（と水圧）もさることながら、ルミノール試薬の見積価格にびっくり（かなり高価な薬品です）。それでもスポンサーを説き伏せて実演成功しました。客席からあがった「うぉーっ！」という歓声を今でも覚えています。これは美しい実験です。

ビーカーくんメモ

▼不安定な状態から安定な状態になると光が出る

ルミノール反応の観察実験 ベーシック編

実験目的

・ルミノールの性質を知ること

実験手順

①所定量の試薬を入れ、溶液AとBを調製。
②周りを暗くして、AとBを混合。
③発光する様子を観察。

周りの灯りは
落としておく

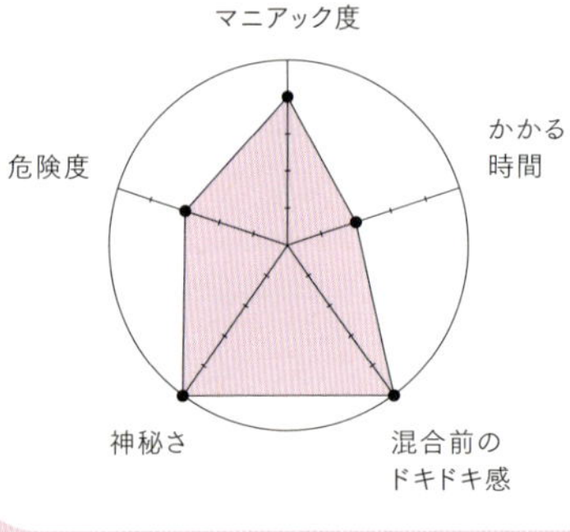
マニアック度
かかる
時間
混合前の
ドキドキ感
神秘さ
危険度

ワンポイントアドバイス
Onepoint
Advice

“暗くし過ぎて
手元が見えない！
なんてことが
ないようにね”

ルミノール反応の観察実験 鑑識っぽい編

実験目的

・鑑識官の気分を味わうこと

実験手順

①牛のレバーを紙に塗りつける。
②所定量の試薬を入れた溶液を噴霧。
③周りを暗くして、発光する様子を観察。

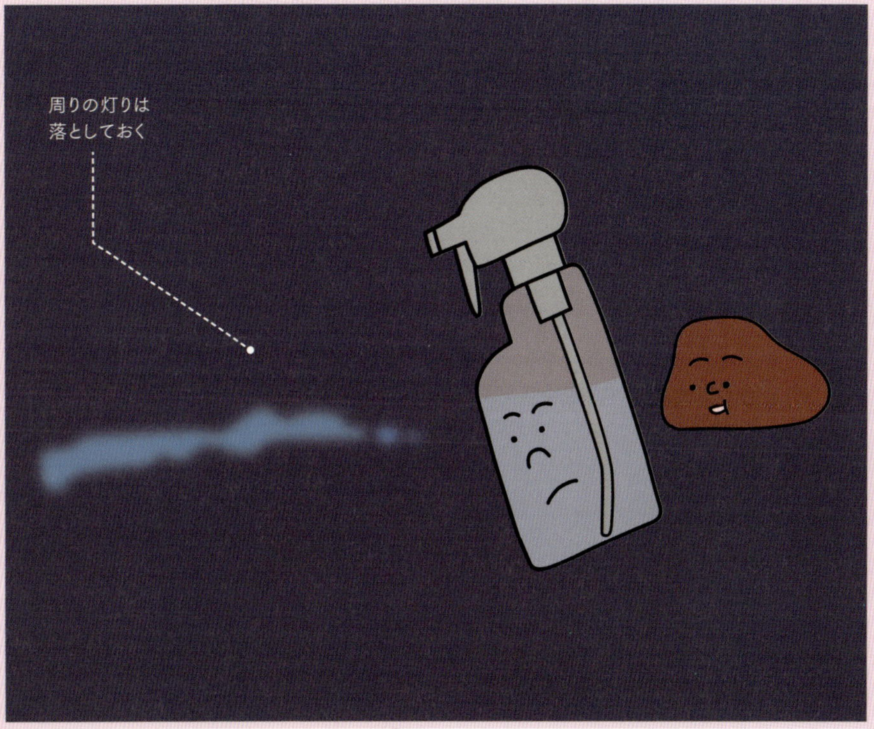
周りの灯りは
落としておく

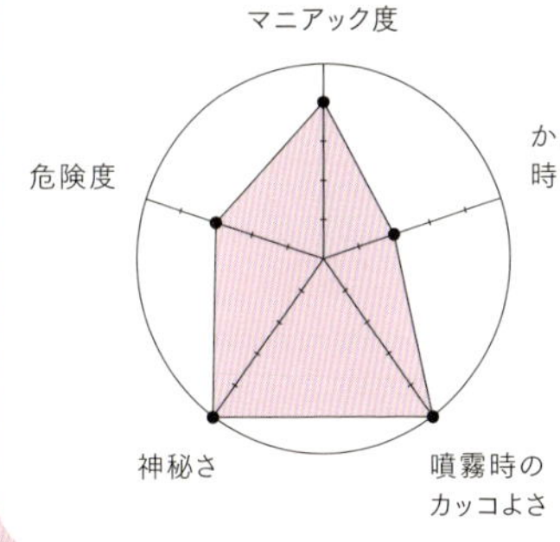
マニアック度
かかる時間
噴霧時のカッコよさ
神秘さ
危険度

ワンポイントアドバイス
Onepoint Advice

**“レバー以外に
大根の汁でも光るよ”**

夜の見回り

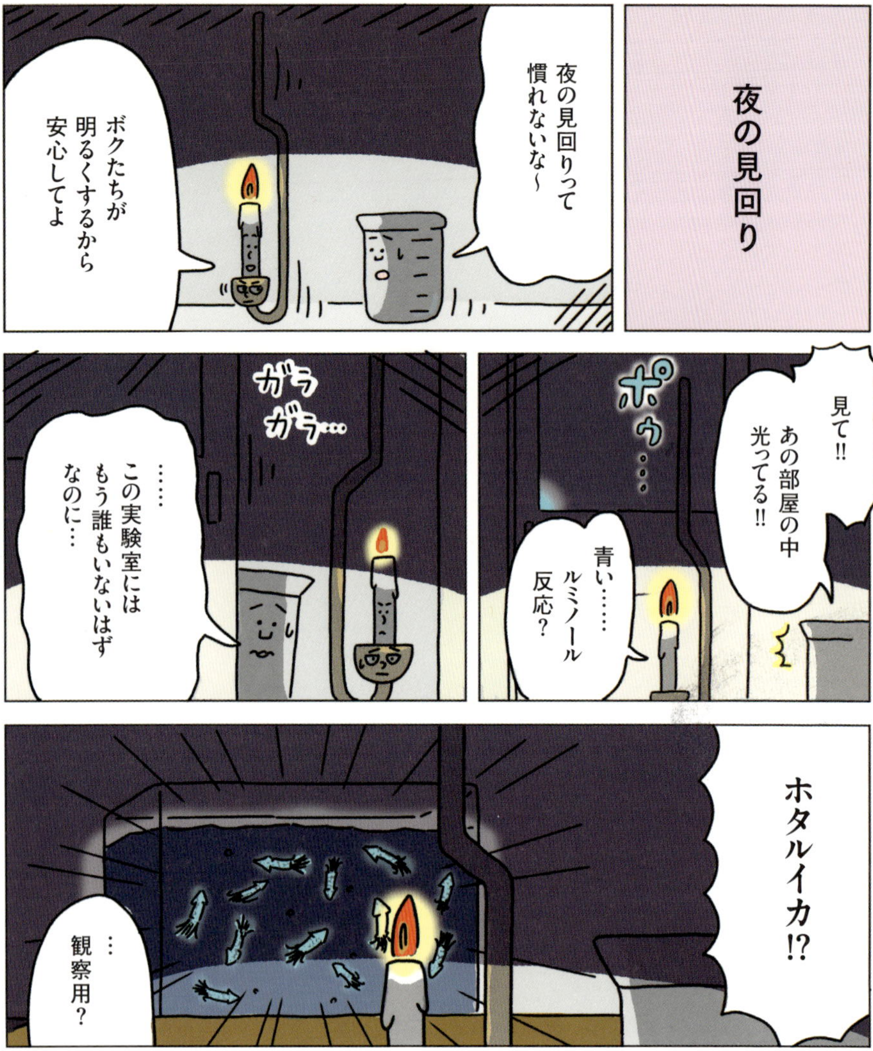

ビーカーくんメモ

▼夜中に
ルミノール反応の
観察実験は
しないもんね

ホタルイカについて

全身に無数の発光器を持つ。発光物質ルシフェリンと酵素のルシフェラーゼが反応して発光する（反応の全容は未解明）。

{ 発光する生物たち }

ウミホタル

- ウミホタル科の甲殻類
- 体長約3mm

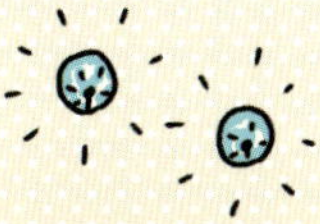

ヤコウチュウ

- プランクトンの一種
- 体長約1mm

ゲンジボタル

- ホタル科の昆虫
- 体長約15mm

ツキヨタケ

- 毒キノコ
- シイタケに似ているため注意

オワンクラゲ

- ノーベル化学賞で有名
- 体長約200mm

ホタルミミズ

- 世界に広く分布
- 体長約40mm

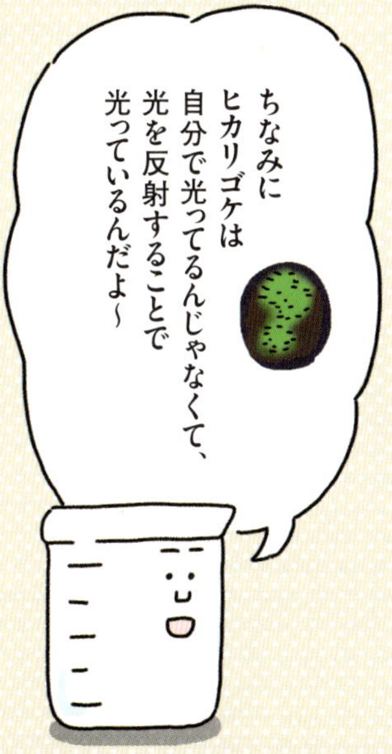
ちなみに
ヒカリゴケは
自分で光ってるんじゃなくて、
光を反射することで
光っているんだよ〜

チョウチンアンコウ

- 主に大西洋の温帯から熱帯の深海に分布
- 体長約400mm

ハダカイワシ

- 側面と腹面に多数の発光器を持つ
- 体長約200mm

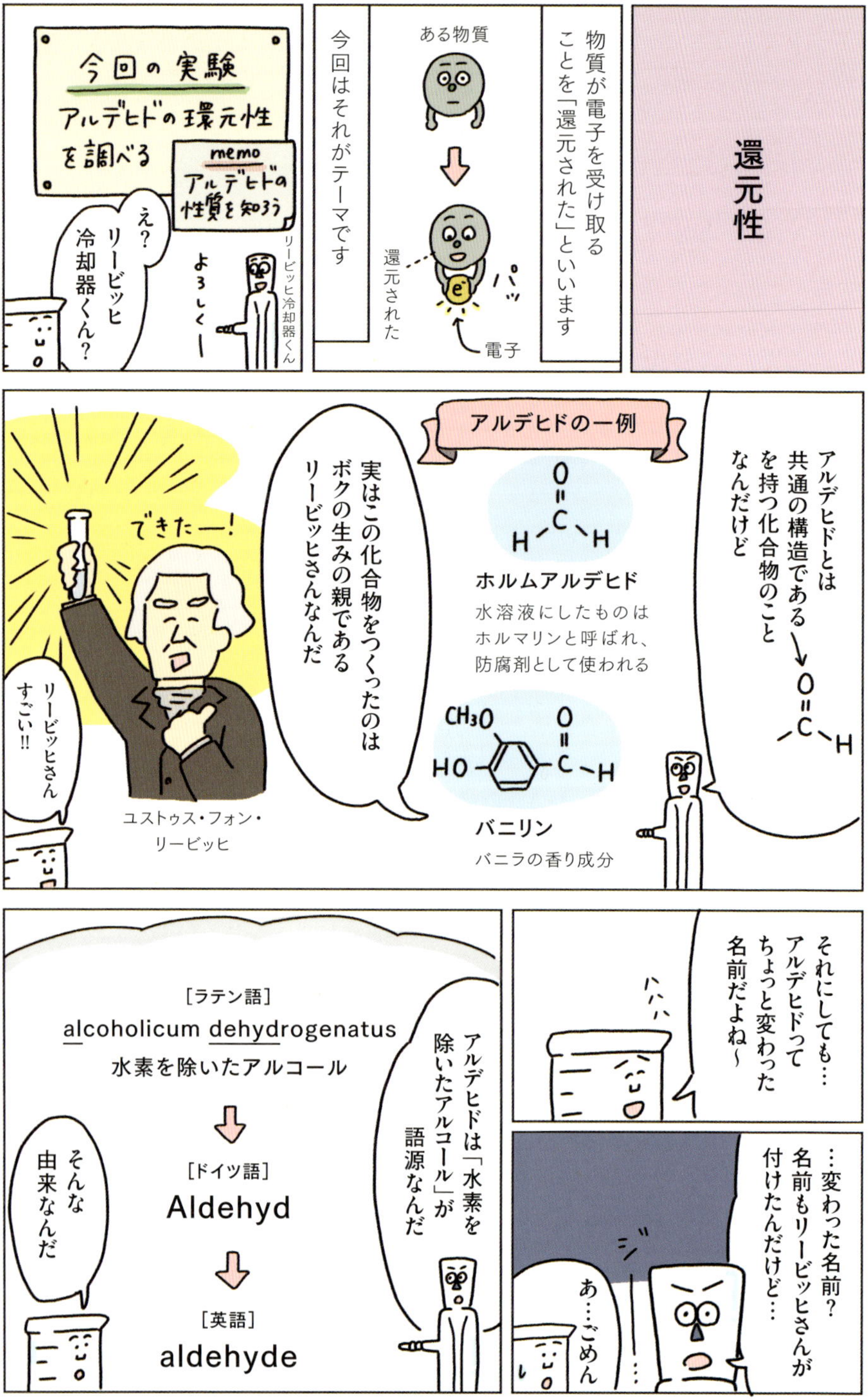
還元性
物質が電子を受け取ることを「還元された」といいます
ある物質
還元された
パッ
電子
今回はそれがテーマです
今回の実験
アルデヒドの環元性を調べる
memo
アルデヒドの性質を知ろう
リービッヒ冷却器くん
よろしくー
え? リービッヒ冷却器くん?
アルデヒドとは共通の構造である
を持つ化合物のことなんだけど
アルデヒドの一例
ホルムアルデヒド
水溶液にしたものはホルマリンと呼ばれ、防腐剤として使われる
バニリン
バニラの香り成分
実はこの化合物をつくったのはボクの生みの親であるリービッヒさんなんだ
できたー!
ユストゥス・フォン・リービッヒ
リービッヒさんすごい!!
それにしても…アルデヒドってちょっと変わった名前だよね~
ハハハ
…変わった名前? 名前もリービッヒさんが付けたんだけど…
ジ
あ…ごめん
…
アルデヒドは「水素を除いたアルコール」が語源なんだ
[ラテン語]
alcoholicum dehydrogenatus
水素を除いたアルコール
[ドイツ語]
Aldehyd
[英語]
aldehyde
そんな由来なんだ

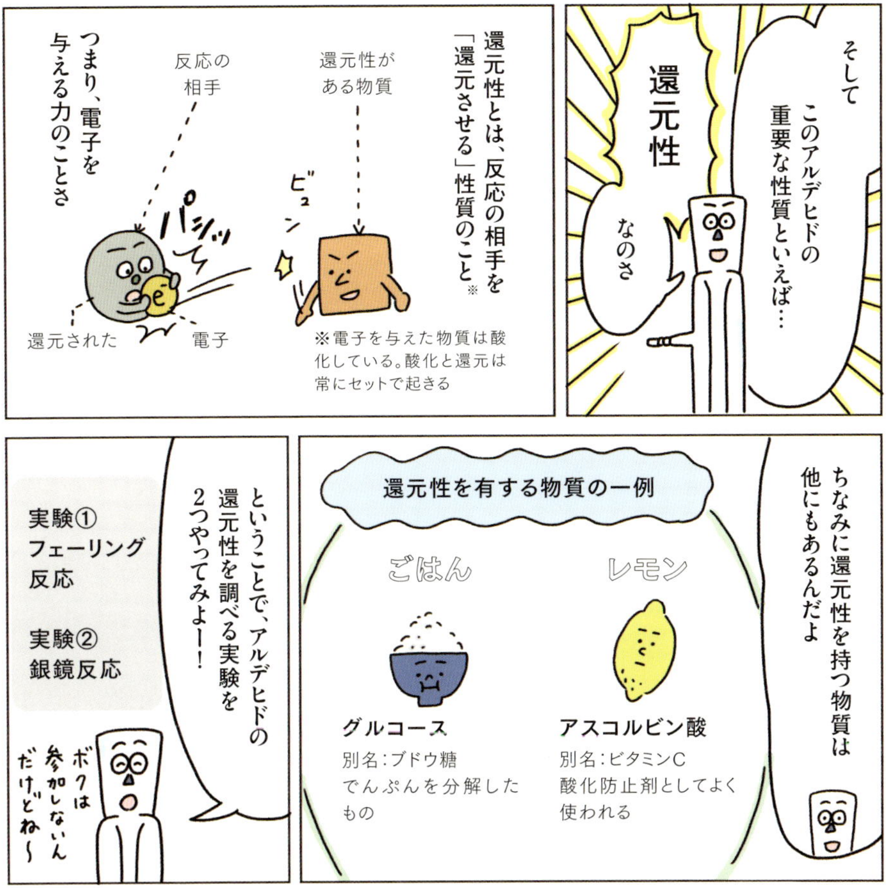
そして
このアルデヒドの重要な性質といえば…
還元性
なのさ
還元性とは、反応の相手を「還元させる」性質のこと※
還元性がある物質
ビュン
反応の相手
パシッ
つまり、電子を与える力のことさ
還元された
電子
※電子を与えた物質は酸化している。酸化と還元は常にセットで起きる
ちなみに還元性を持つ物質は他にもあるんだよ
還元性を有する物質の一例
ごはん
レモン
グルコース
別名：ブドウ糖
でんぷんを分解したもの
アスコルビン酸
別名：ビタミンC
酸化防止剤としてよく使われる
ということで、アルデヒドの還元性を調べる実験を2つやってみよー！
実験①
フェーリング反応
実験②
銀鏡反応
ボクは参加しないんだけどね〜

実験① フェーリング反応の手順

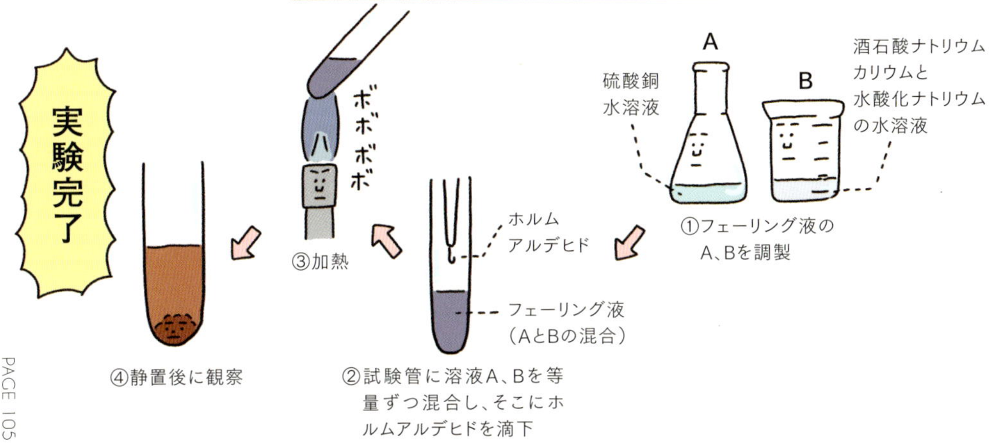
A
B
硫酸銅水溶液
酒石酸ナトリウムカリウムと水酸化ナトリウムの水溶液
①フェーリング液のA、Bを調製
ホルムアルデヒド
フェーリング液（AとBの混合）
②試験管に溶液A、Bを等量ずつ混合し、そこにホルムアルデヒドを滴下
ボボボボ
③加熱
④静置後に観察
実験完了

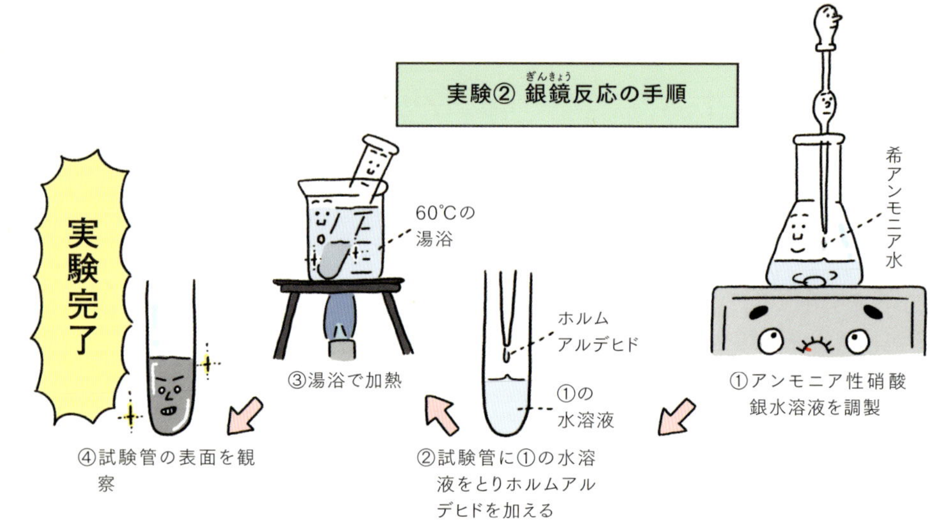
実験② 銀鏡《ぎんきょう》反応の手順
希アンモニア水
①アンモニア性硝酸銀水溶液を調製
ホルムアルデヒド
①の水溶液
②試験管に①の水溶液をとりホルムアルデヒドを加える
60℃の湯浴
③湯浴で加熱
実験完了
④試験管の表面を観察

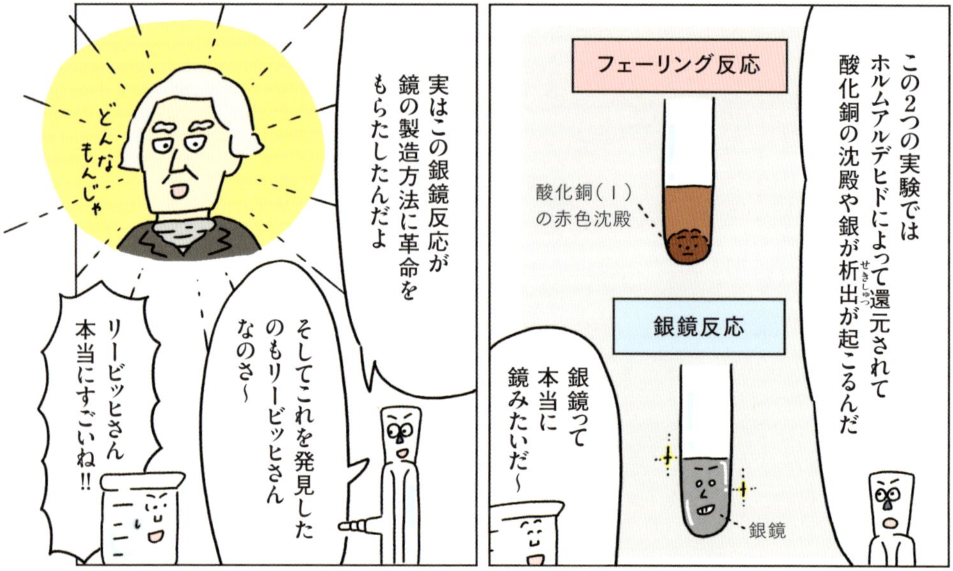
この2つの実験ではホルムアルデヒドによって還元されて酸化銅の沈殿や銀が析出《せきしゅつ》が起こるんだ
フェーリング反応
酸化銅(Ⅰ)の赤色沈殿
銀鏡反応
銀鏡
銀鏡って本当に鏡みたいだ〜
実はこの銀鏡反応が鏡の製造方法に革命をもたらしたんだよ
どんなもんじゃ
そしてこれを発見したのもリービッヒさんなのさ〜
リービッヒさん本当にすごいね!!

超広角や魚眼レンズなどがまだ超高価な時代に、夜空の流星を撮影するために銀鏡反応をやりました。丸底フラスコの底を鏡にすれば、広い範囲がいっぺんに写せる…と。で、試したところ丸底フラスコは意外にデコボコで歪んでおり、また普通の鏡ほど反射率が高くないために流星は写せずじまい。そうこうするうちに銀鏡に曇りが発生して銀鏡フラスコはお蔵入りに…(他の実験には使えないし―)。全天180度が写せる魚眼レンズが通販でも買えるようになるとは、夢にも思わぬ少年時代でした。

ビーカーくんメモ

▼リービッヒさんは偉大な化学者

アルデヒドを用いた フェーリング反応実験

実験目的

- アルデヒドの性質を知ること

実験手順

①フェーリング液を調製。
②フェーリング液にホルムアルデヒドを滴下。
③ガスバーナーで加熱。
④静置後に観察。

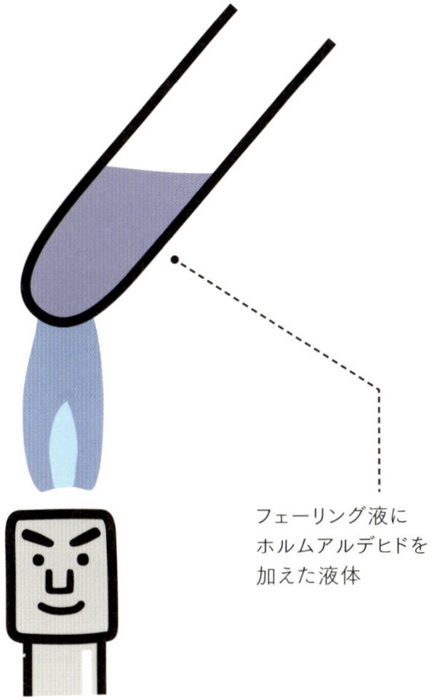

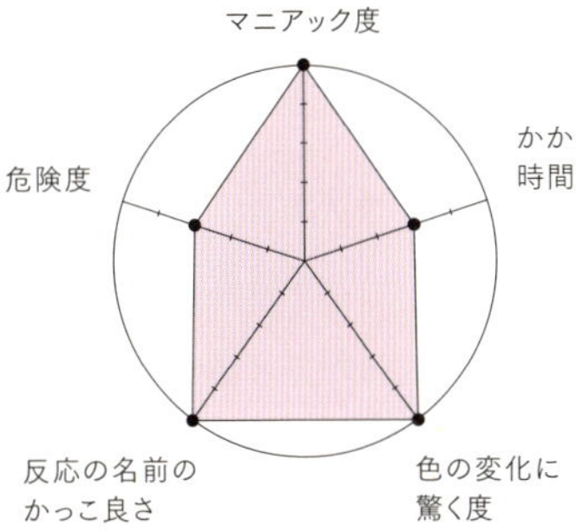

ワンポイントアドバイス
Onepoint
Advice

“手順の③では
沸騰するまで
加熱してね”

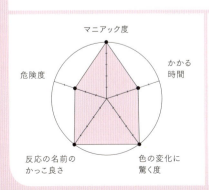

アルデヒドを用いた 銀鏡反応実験

実験目的

・アルデヒドの性質を知ること

実験手順

①アンモニア性硝酸銀水溶液（トレンス試薬）を調製。
②①の水溶液にホルムアルデヒドを加える。
③湯浴で加熱。
④試験管の表面を観察。

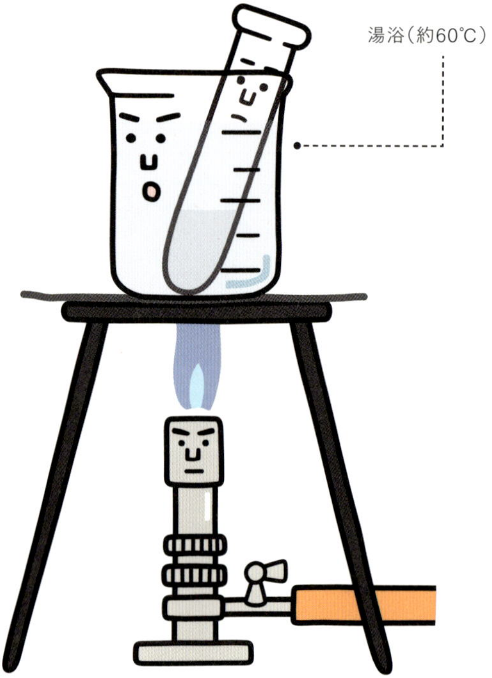
湯浴（約60℃）

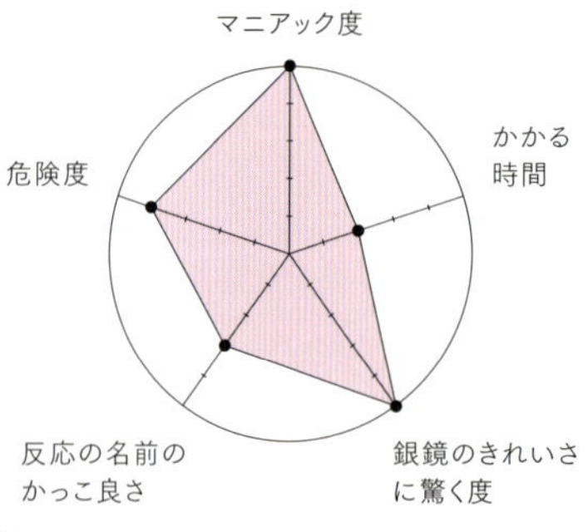
マニアック度
かかる時間
銀鏡のきれいさに驚く度
反応の名前のかっこ良さ
危険度

ワンポイントアドバイス
Onepoint Advice

“トレンス試薬は保存してしまうと爆発性の物質ができるので注意！使いきるようにしよう”

酸化銅(I)の赤色沈殿くん

正式名称 酸化銅(I)
(coppe oxide)

得意技 フェーリング反応が起きたことを知らせること。

キャラ特性 もうちょっときれいな色になりたいと思っている。

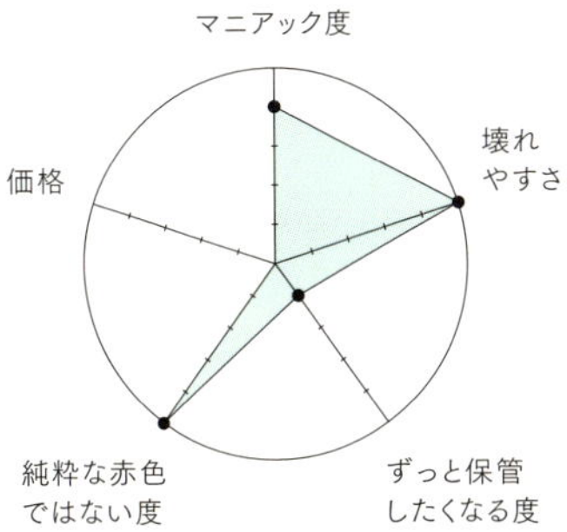

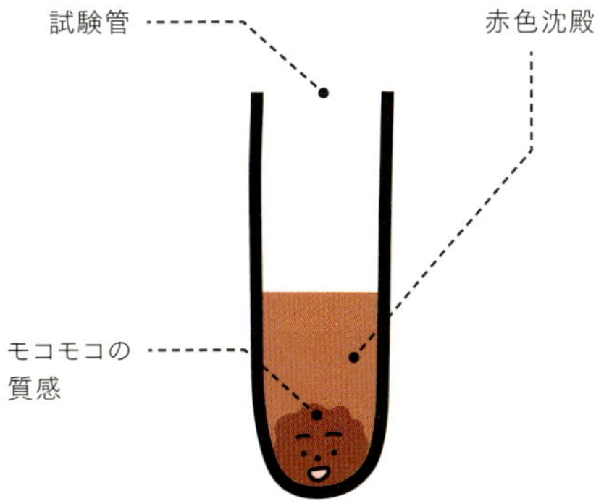

銀鏡くん

正式名称 銀鏡
(silver mirror)

得意技 銀鏡反応が起きていることを知らせること。

キャラ特性 いつも自信たっぷり自信家タイプ。

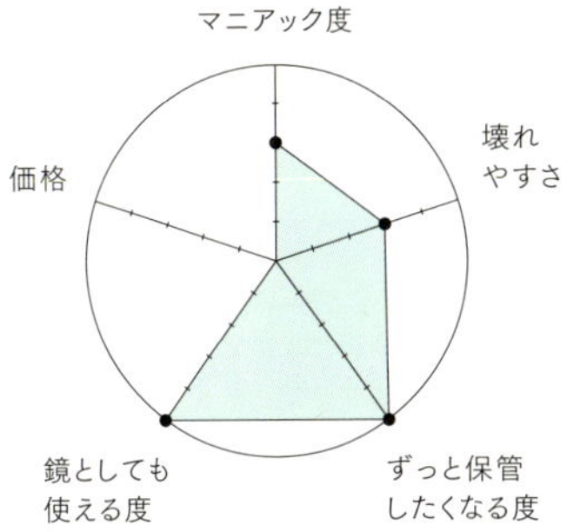

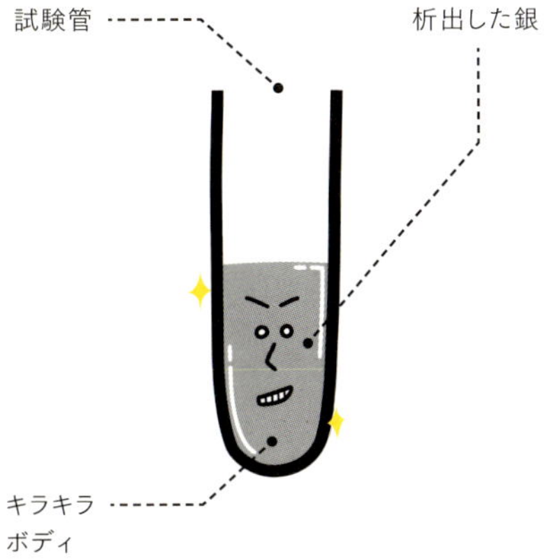

炎色反応
金属元素を炎に入れたときに特有の色を示す反応を炎色反応といいます
この反応は花火にも利用されています
今回の実験
炎色反応を観察する
memo
金属元素を見分けよう
この反応知ってる?
ガスバーナーくん
もちろん!
花火のきれいな色はこの反応のおかげだよね
エッヘン
そうなんだけど実は、それだけじゃないんだよ
車の発炎筒はストロンチウムが反応してるし
発炎筒（ストロンチウムが反応）
台所でも観察できる反応なのさ
みそ汁のふきこぼれた時の炎（食塩のナトリウムが反応）
なるほどー
そして…今回の実験で活躍するのが…
こちらのみなさん!!
白金耳くん
来ましたよ～
白金耳《はっきんじ》ホルダーくん
白金耳スタンドくん
ボクたち普段は微生物を扱ってるんだけど
うんうん
炎色反応もお任せあれ～

というわけで
実験スタート
オー

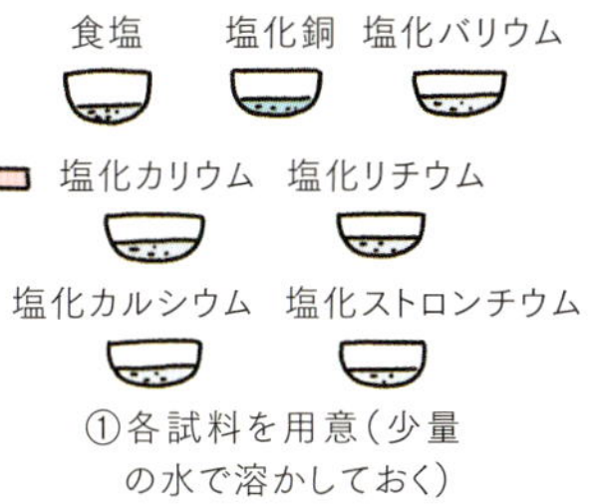
食塩
塩化銅
塩化バリウム
塩化カリウム
塩化リチウム
塩化カルシウム
塩化ストロンチウム
①各試料を用意（少量の水で溶かしておく）

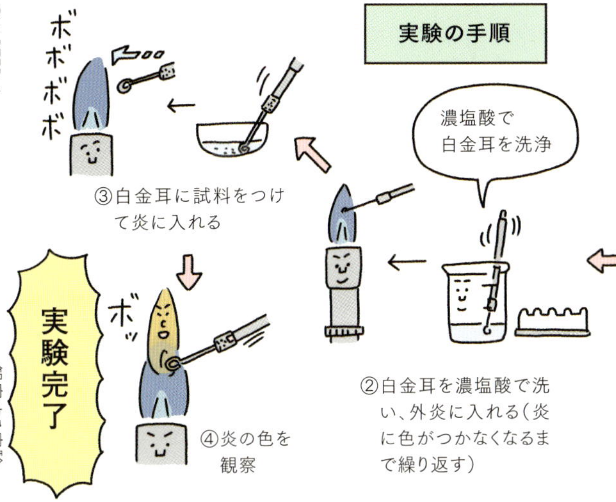
実験の手順
濃塩酸で白金耳を洗浄
②白金耳を濃塩酸で洗い、外炎に入れる（炎に色がつかなくなるまで繰り返す）
ボボボボ
③白金耳に試料をつけて炎に入れる
ボッ
④炎の色を観察
実験完了

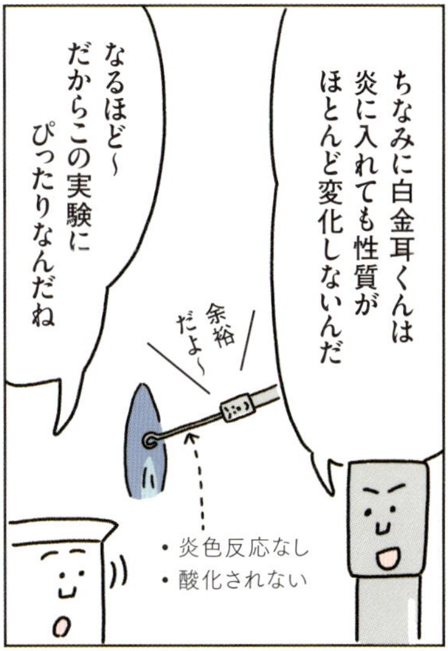
ちなみに白金耳くんは炎に入れても性質がほとんど変化しないんだ
余裕だよ～
・炎色反応なし
・酸化されない
なるほど～だからこの実験にぴったりなんだね

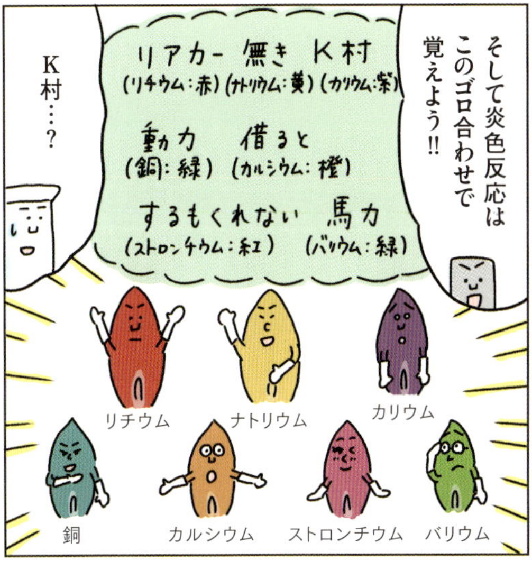
そして炎色反応はこのゴロ合わせで覚えよう!!
リアカー 無き K村
(リチウム：赤) (ナトリウム：黄) (カリウム：紫)
動力 借ると
(銅：緑) (カルシウム：橙)
するもくれない 馬力
(ストロンチウム：紅) (バリウム：緑)
K村…？
リチウム
ナトリウム
カリウム
銅
カルシウム
ストロンチウム
バリウム

炎色反応は美しく神秘的な実験です。よく「金属が燃えている」と誤解されますが、元素の中で起きる電子のエネルギー的な変化による現象です。なお、白金耳はとても高価ですが、色を見るだけなら市販のステンレス針金でも可能です。また、蒸発皿に溶液と濾紙を入れて火をつけると、巨大な色つき炎が出現。放課後に実験してたら学生に言われました…「ヴォルデモートだ～」（ご存じ『ハリー・ポッター』に登場する悪役魔法使い）。私ってそんなに邪悪に見えるのかしら？

ビーカーくんメモ

▼炎色反応のゴロ合わせ…ちょっと無理やり？

炎色反応の観察実験

実験目的

- **炎色反応によって元素を区別できることを知ること**

実験手順

①各試料を用意。
②炎に色がつかなくなるまで白金耳を洗浄。
③白金耳に試料をつけて炎に入れる。
④炎の色を観察する。

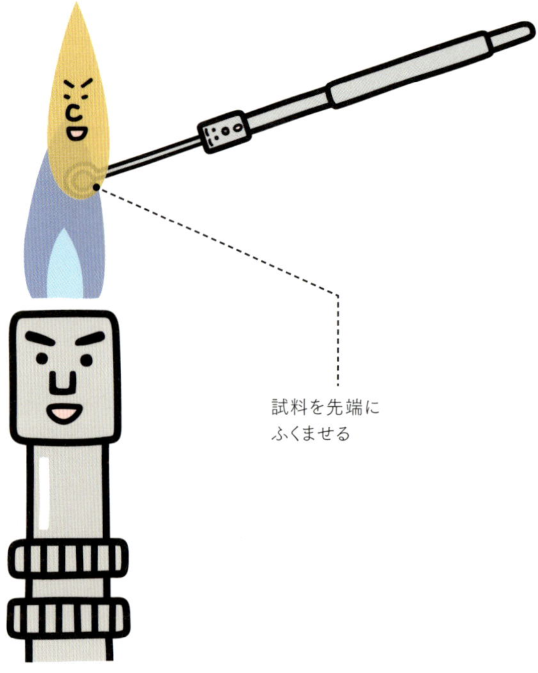

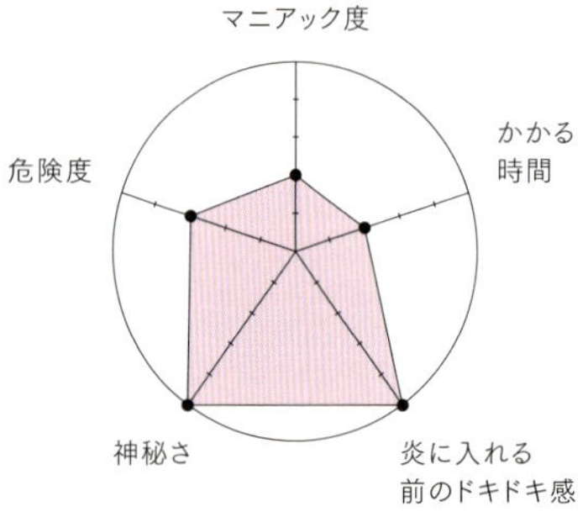

ワンポイントアドバイス
Onepoint
Advice

“白金耳は
試料を変えるたびに
洗浄してね”

白金《はっきん》耳《じ》くんと白金耳ホルダーくん

正式名称　白金耳
(platinum loop)

得意技　炎の色を観察することと微生物を塗布すること。

キャラ特性　お互いリスペクトし合う良い関係。

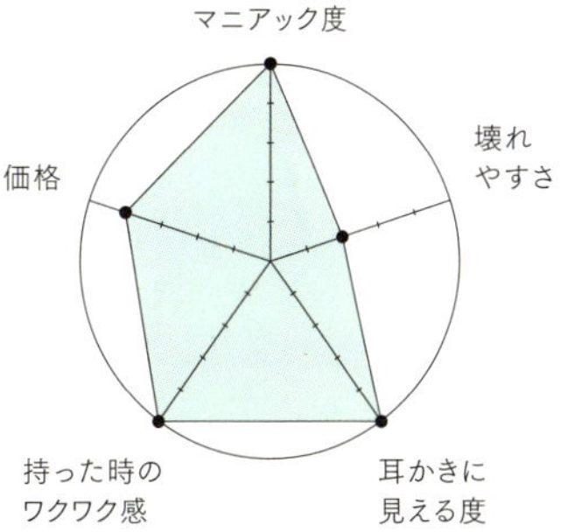

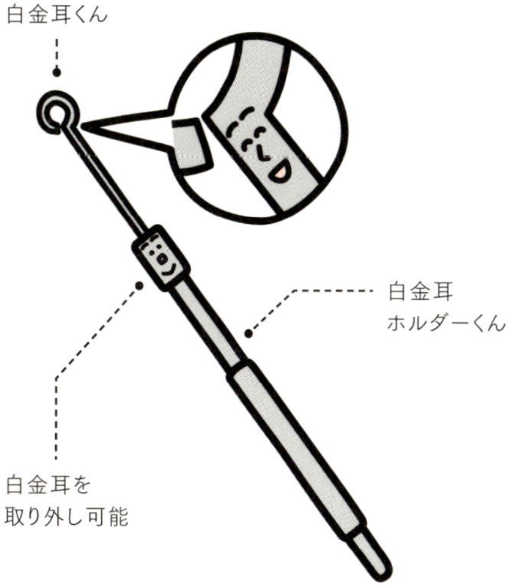

白金耳スタンドくん

正式名称　白金耳スタンド
(platinum loop stand)

得意技　加熱した白金耳を一時的に置くこと。

キャラ特性　悲しそうな顔をしているが悲しいわけではない。

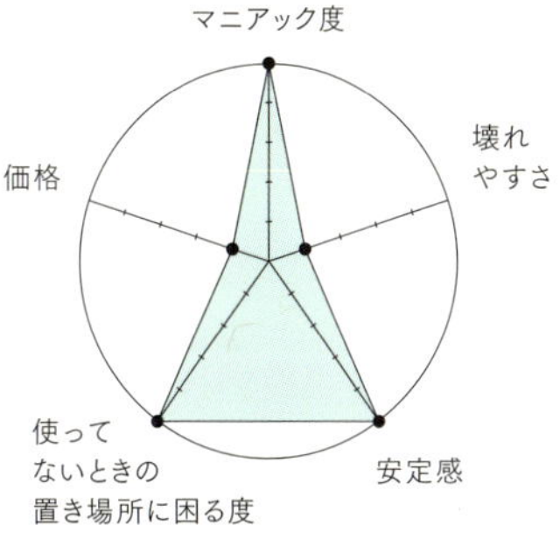

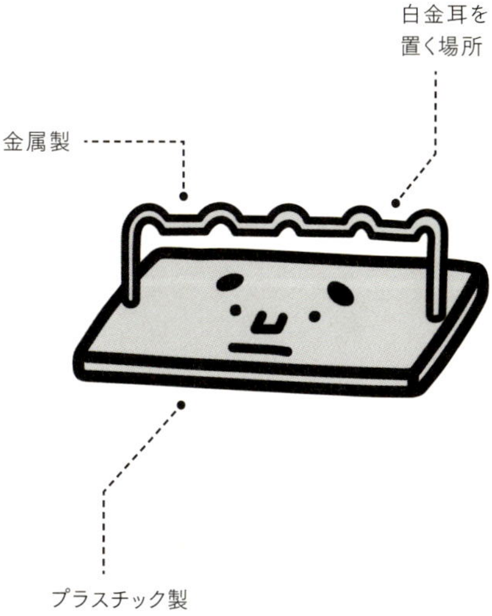

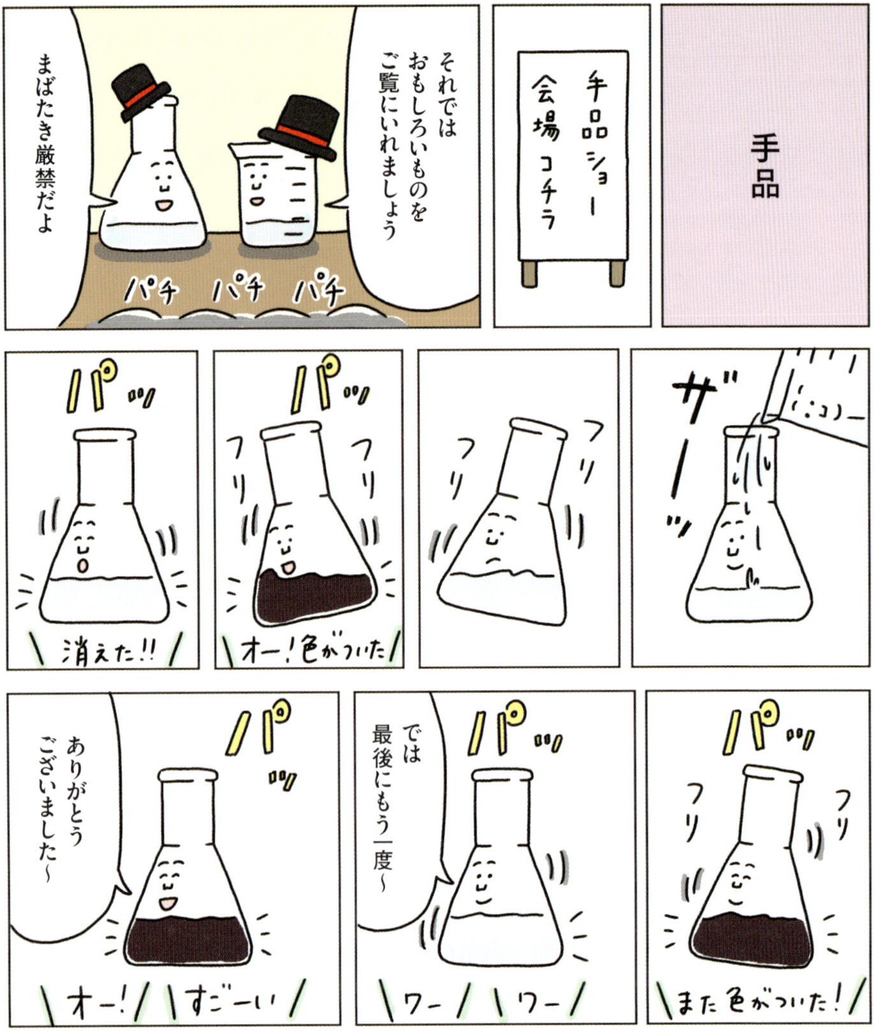

ビーカーくんメモ

▼フリフリするのが重要なんだ

手品のタネあかし

液体A

- 水
- スルファミン酸
- ヨウ素酸ナトリウム

液体B

- 過酸化水素水
- マロン酸
- 硫酸マンガン
- でんぷん

混合

↓

以下の2つの反応が交互に起きることによって
色がコロコロ変化する※

反応①

ヨウ素が生成される反応

生成したヨウ素がでんぷんと反応し青紫色になる

反応②

ヨウ素が消費される反応

ヨウ素が無くなるため青紫色から透明に戻る

↓

反応に関わる物質が
使い切られると反応終了
（ヨウ素が残るため、青紫色に落ちつく）

※厳密には他にも様々な反応が起きている

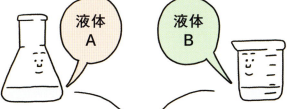

COLUMN

分ける実験

　例えば時計のしくみを知りたいと考えたとき、ひとつの方法が分解です。この宇宙を作っている物資のしくみを解明するにも、やはり分解は重要なアプローチ。これが「分ける実験」です。でも、身のまわりにある物質の多くは、別の多数の物質の組み合わせであり、さらに個々の物質は無数の原子が複雑に組み合わさってできています。最初に、比較的簡単にできる分解から物質のしくみを考え、わかったしくみを利用してより高度な分解方法を検討する…というくり返しが必要です。

　歴史的に有名な「分ける実験」といえば、1898年のピエールとマリーのキュリー夫妻による放射性元素の抽出が挙がるでしょう。数トンのウラン鉱の残渣から数ヶ月をかけてポロニウムやラジウムを取り出しました。この研究を皮切りに放射線科学が進展。その後の科学と社会を大きく変えたのはご存じの通りです。

　一方、有名かつ手軽な例としては、ペーパークロマトグラフィがあります。これは濾紙などの1点に元の物質を置き、片方から溶媒（展開液と呼ばれる）をしみこませることで、水とのなじみやすさや粒子の大きさ&重さごとに物質を分けるもの。濾紙を用いた方法が試みられたのは20世紀の中頃で、その業績で発明者のマーチンとシングはノーベル化学賞を受賞しています。その後に濾紙の代わりに特殊な薄膜などを用いるさまざまなクロマトグラフィが開発され、現在でも分析の分野で用いられています。

　物質を分けるには実にさまざまな方法があります。混ざっている物質の物理的な性質を利用した「濾過」や「蒸留」、化学的反応を利用した「抽出」や「沈殿」はもちろん、現在は光速に近い速度で物資同士をぶっつけて分解する（素粒子加速実験）なども行われています。生活をより豊かにする物質を手にするために、また、物質と宇宙のしくみを明らかにするために、人類はずっと「分ける実験」をくり返してきたのですね。

CHAPTER 5

分ける実験

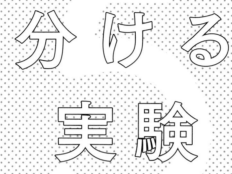

ろ過
ろ過とは固体と液体の混合物を分ける操作のこと
ろ過
固体
液体
実験室ではろ紙を用いて行うのが一般的です
今回の実験
ろ過によって液体と固体を分ける
memo
分離操作の基本を知ろう
ワシに任せるんじゃ
よろしく〜
↑ブフナーろうとじいさん
ろ過実験はビーカーくんもやったことあるから知っとるじゃろ?
もちろん!!
沈殿を含んだ液体をろ紙くんに通すことで分ける操作のことでしょ
沈殿を含む液体
ろ紙
ろ紙くん
その通りじゃ
ではまずはビーカーくんもいつも参加しているろ過、つまり自然ろ過をやってみようかの
得意〜

自然ろ過の手順

パタン
くるり
ズッ
シャー
ちょろちょろ
実験完了

①ろ紙を折ってろうとにセット

②装置をセットし、水（溶媒）でろ紙をろうとに密着させる

③試料をガラス棒に伝わらせて注ぐ

④ろ過後、ろ紙を取り出す

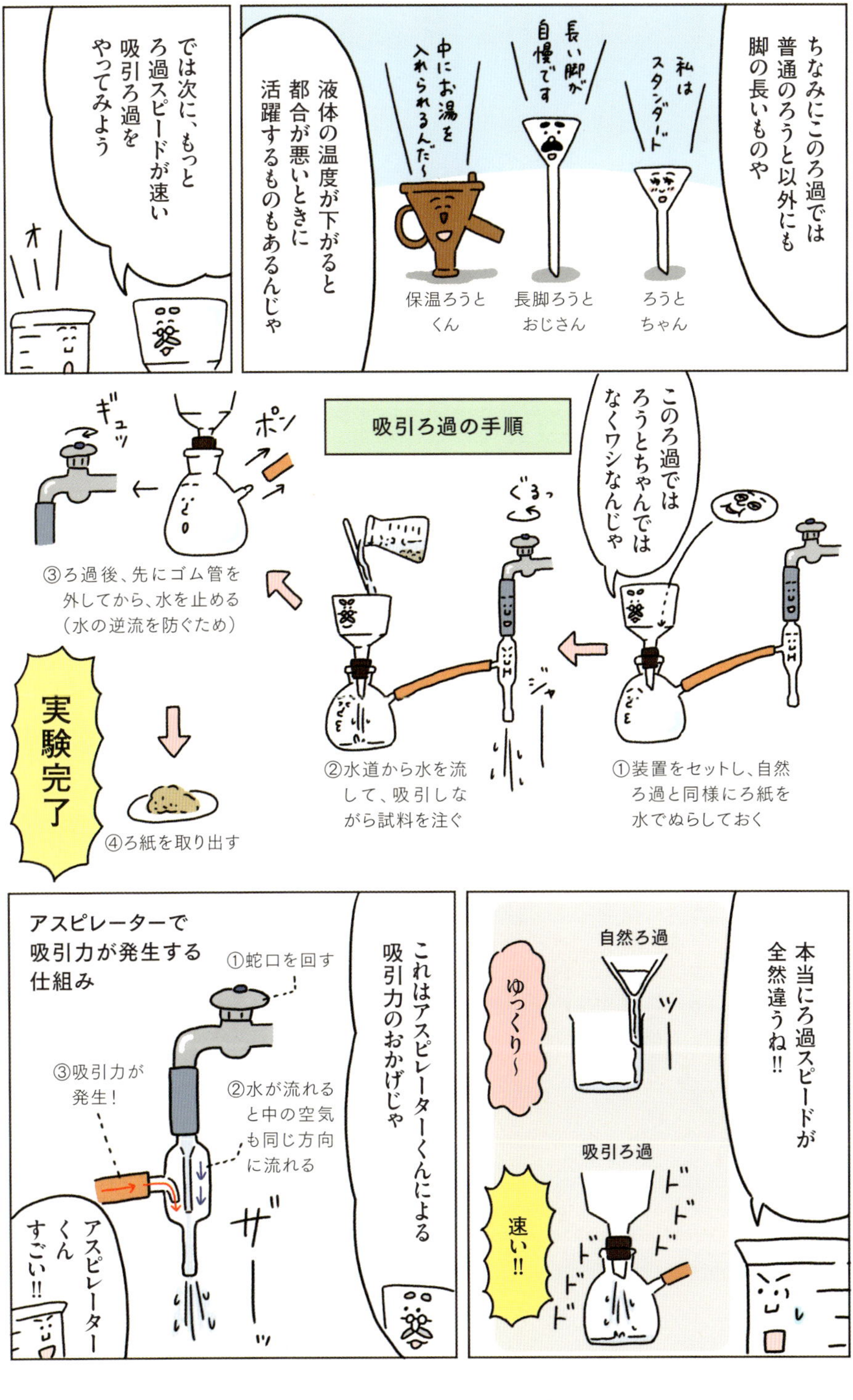
ちなみにこのろ過では普通のろうと以外にも脚の長いものや
私はスタンダード
長い脚が自慢です
中にお湯を入れられるんだ〜
ろうとちゃん
長脚ろうとおじさん
保温ろうとくん
液体の温度が下がると都合が悪いときに活躍するものもあるんじゃ
では次に、もっとろ過スピードが速い吸引ろ過をやってみよう
オー
吸引ろ過の手順
このろ過ではろうとちゃんではなくワシなんじゃ
①装置をセットし、自然ろ過と同様にろ紙を水でぬらしておく
ぐるっ
ジャー
②水道から水を流して、吸引しながら試料を注ぐ
ポンッ
ギュッ
③ろ過後、先にゴム管を外してから、水を止める（水の逆流を防ぐため）
④ろ紙を取り出す
実験完了
本当にろ過スピードが全然違うね!!
自然ろ過
ツー
ゆっくり〜
吸引ろ過
ドドドドドド
速い!!
これはアスピレーターくんによる吸引力のおかげじゃ
アスピレーターで吸引力が発生する仕組み
①蛇口を回す
②水が流れると中の空気も同じ方向に流れる
③吸引力が発生！
ザーッ
アスピレーターくんすごい!!

吸引ろうとを見たとき、めちゃくちゃ感激しました。細かい粒子を含む溶液の場合、ふつーのろうと&濾紙では数時間…というのもザラ。待っている間は退屈で、濾液がぽたぽた落ちるのを見てると眠たくなっちゃうのです（別に見てなくてもいいのだけど）。吸引ろうとなら圧倒的に早いうえに、アスピレータくんのメカニズムがかっこいい。減圧ポンプみたいな大きな音がしないので、居眠りにもぴったりなのですね（って、結局寝てるだろー！）。

ビーカーくんメモ

▼桐山ろうとに
歴史あり

自然ろ過実験

実験目的

- **液体から沈殿などを分けること**

実験手順

①ろ紙を折って、ろうとにセット。
②装置をセットし、水でろ紙をとうろに密着させる。
③試料をガラス棒に伝わらせて注ぐ。
④ろ過後、ろ紙を取り出す。

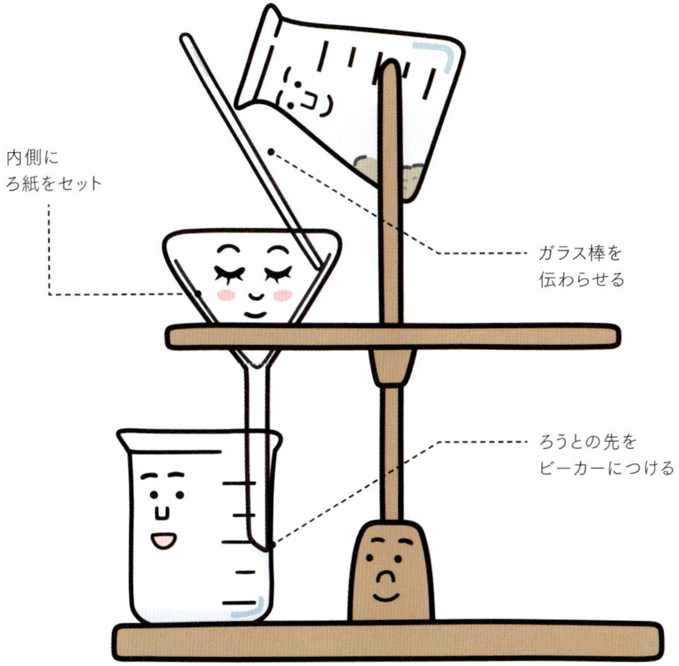
内側に
ろ紙をセット
ガラス棒を
伝わらせる
ろうとの先を
ビーカーにつける

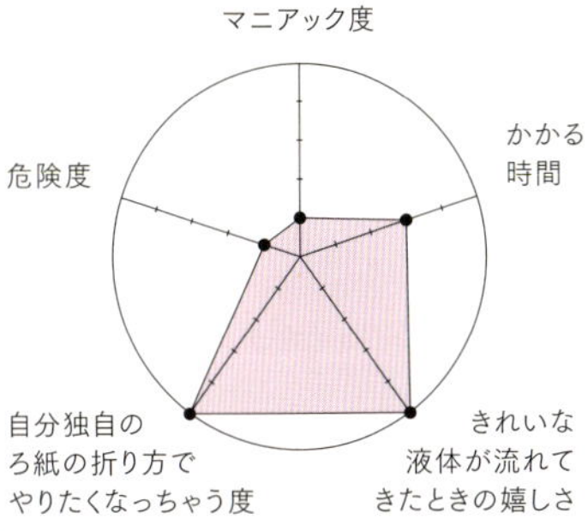
マニアック度
かかる
時間
きれいな
液体が流れて
きたときの嬉しさ
自分独自の
ろ紙の折り方で
やりたくなっちゃう度
危険度

ワンポイントアドバイス
Onepoint
Advice

“ガラス棒で
ろ紙をやぶらない
ようにね”

吸引ろ過実験

実験目的

- **自然ろ過では時間がかかるような液体（高粘度、沈殿が多いなど）から沈殿を分けること**

実験手順

①装置をセットし、ろ紙を水でぬらしておく。
②水道から水を流して、吸引しながら試料を注ぐ。
③ろ過後、ゴム管を外してから、水を止める。
④ろ紙を取り出す。

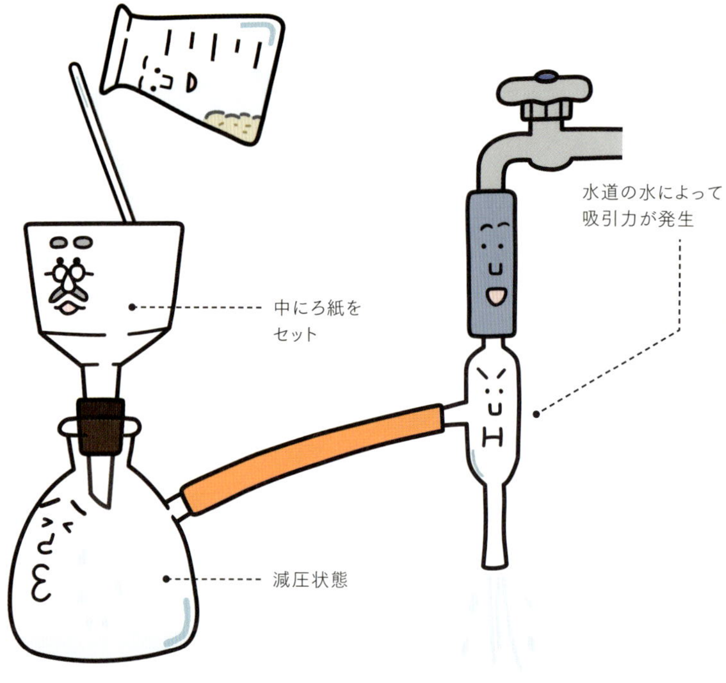
水道の水によって
吸引力が発生
中にろ紙を
セット
減圧状態

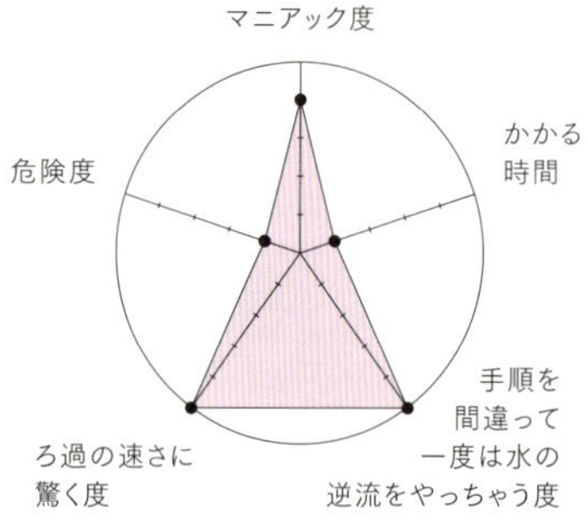
マニアック度
かかる
時間
手順を
間違って
一度は水の
逆流をやっちゃう度
ろ過の速さに
驚く度
危険度

ワンポイントアドバイス
Onepoint
Advice

“アスピレーターの代わりに
ポンプを使って
行うこともあるよ”

長脚ろうとおじさん

正式名称　長脚ろうと
(long stem funnel)
得意技　液体を1つの部分に集中させること。
キャラ特性　気前の良いおじさん。

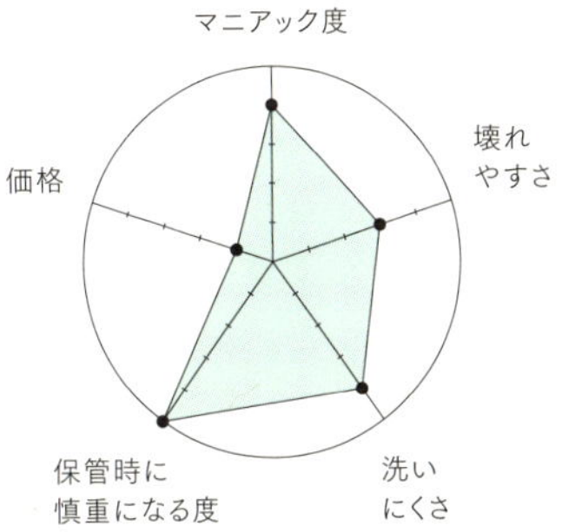
マニアック度
壊れ
やすさ
洗い
にくさ
保管時に
慎重になる度
価格

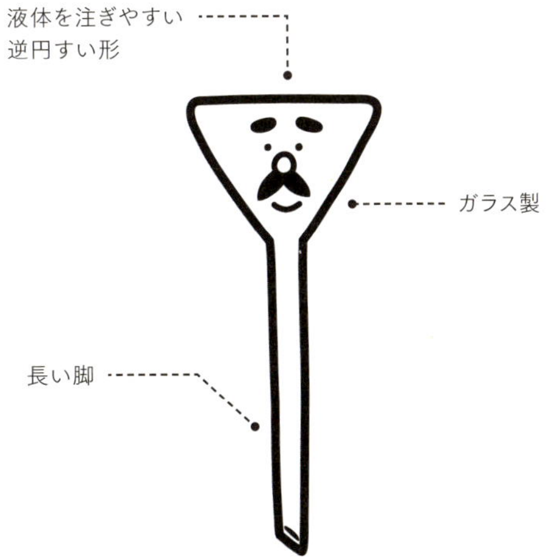
液体を注ぎやすい
逆円すい形
ガラス製
長い脚

保温ろうとくん

正式名称　保温ろうと
(hot funnel)
得意技　ろうとを保温すること。
キャラ特性　中の液体が冷えてくると元気がなくなってくる。

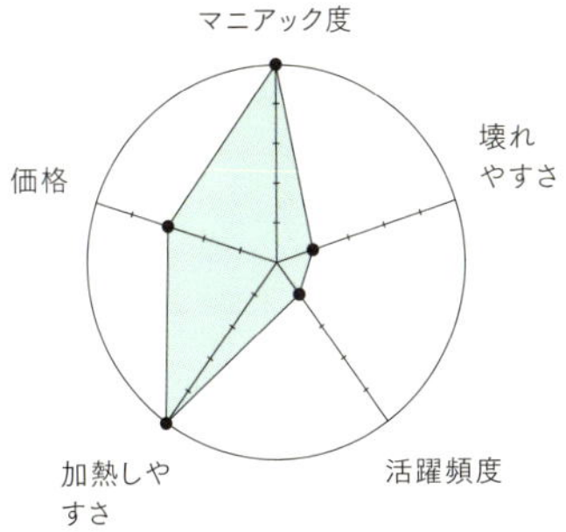
マニアック度
壊れ
やすさ
活躍頻度
加熱しや
すさ
価格

ろうとをセットする
場所
注水部
銅製
ガスバーナーなどで
加熱する場所

桐山ろうとさん

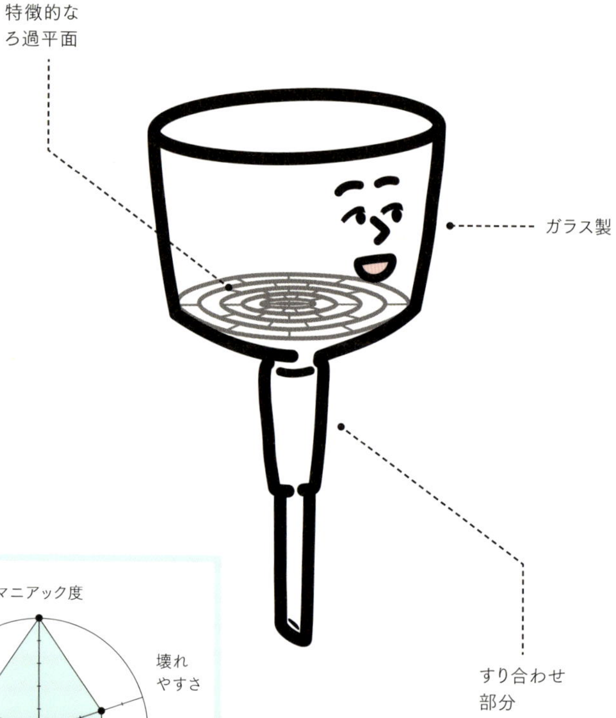
特徴的な
ろ過平面
ガラス製
すり合わせ
部分

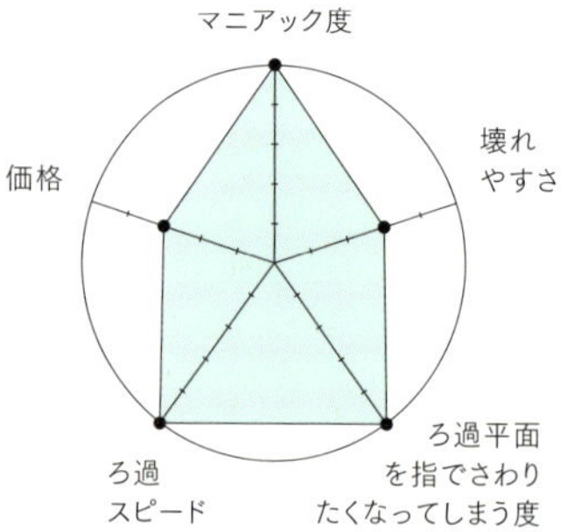
マニアック度
壊れ
やすさ
ろ過平面
を指でさわり
たくなってしまう度
ろ過
スピード
価格

正式名称　桐山ろうと
(Hirsch funnel)
得意技　減圧状態でろ過をすること。
キャラ特性　清潔感のあるおにいさん。

実験仲間

ろ紙くん　ガラス棒くん　ビーカーくん　ゴム管くんと アスピレーターくん

{ ろうとを比べてみよう }

名称	ブフナーろうとじいさん	桐山ろうとさん	ろうとちゃん
横から見ると	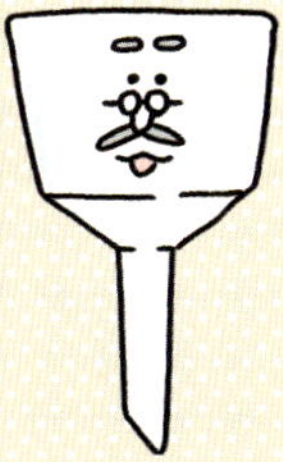		
上から見ると	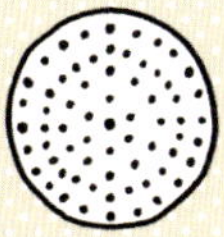		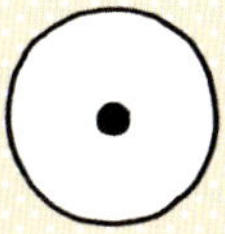
材質	磁器	ガラス	ガラス
ろ過の種類	吸引ろ過	吸引ろ過	自然ろ過
実験スタイル			
特徴	・ずっしり感がある ・桐山ろうとよりも価格は少し安い	・透明のため汚れ残りなどがすぐに分かる ・穴が1つのため洗浄しやすい	・他の2つと比べてもっとも安くポピュラー ・小学校などでも使われている

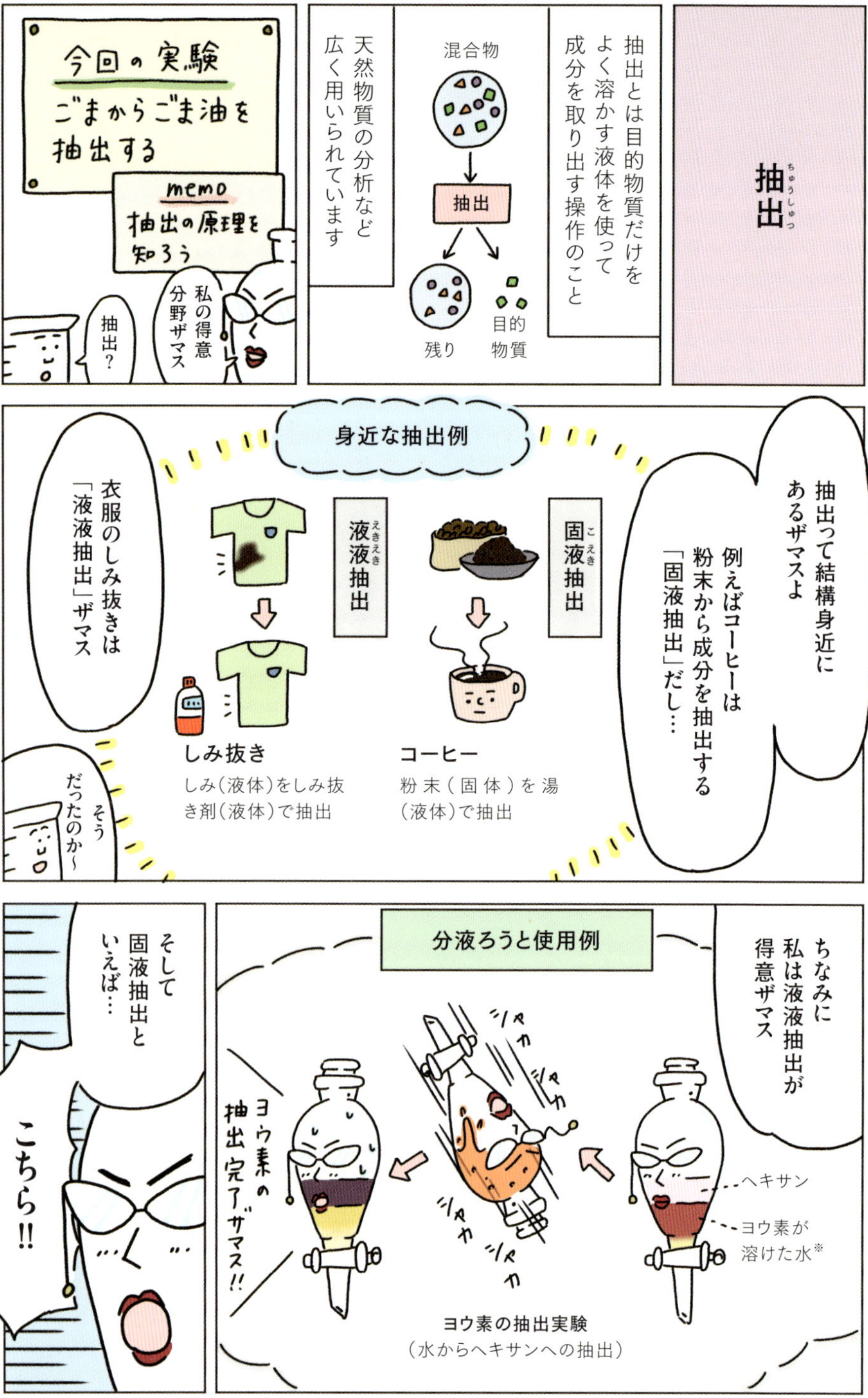
抽出《ちゅうしゅつ》
抽出とは目的物質だけをよく溶かす液体を使って成分を取り出す操作のこと
混合物
抽出
残り
目的物質
天然物質の分析など広く用いられています
今回の実験
ごまからごま油を抽出する
memo
抽出の原理を知ろう
私の得意分野ザマス
抽出?
抽出って結構身近にあるザマスよ
例えばコーヒーは粉末から成分を抽出する「固液抽出」だし…
身近な抽出例
固液《こえき》抽出
コーヒー
粉末（固体）を湯（液体）で抽出
液液《えきえき》抽出
しみ抜き
しみ（液体）をしみ抜き剤（液体）で抽出
衣服のしみ抜きは「液液抽出」ザマス
そうだったのか〜
ちなみに私は液液抽出が得意ザマス
分液ろうと使用例
ヘキサン
ヨウ素が溶けた水※
シャカ
シャカ
シャカ
シャカ
ヨウ素の抽出完了ザマス!!
ヨウ素の抽出実験
（水からヘキサンへの抽出）
そして固液抽出といえば…
こちら!!

※正確には、ヨウ素が溶けたヨウ化カリウム水溶液

ソックスレー抽出器のみなさん!!
ソックスレー抽出器チーム
スゥ…
合体!!
オー
スポ
カチャ
カチャリ
スッ
ぐいっ
合体完了!!
玉入冷却器くん
抽出器用ジョイントくん
抽出管くん
円筒ろ紙くん
抽出器用フラスコくん
湯煎器くん
カッコイイ!!
イケてるザマス…
それでは実験やってみよー
オー

実験の手順

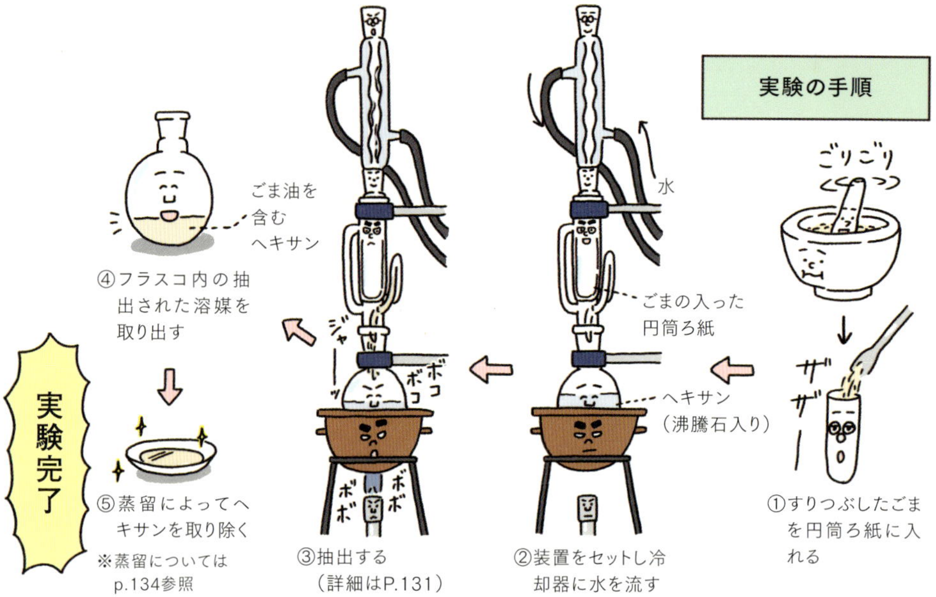
ごりごり
ザザー
①すりつぶしたごまを円筒ろ紙に入れる
水
ごまの入った円筒ろ紙
ヘキサン（沸騰石入り）
②装置をセットし冷却器に水を流す
ジャーッ
ボコボコ
ボボボボ
③抽出する（詳細はP.131）
ごま油を含むヘキサン
④フラスコ内の抽出された溶媒を取り出す
⑤蒸留によってヘキサンを取り除く
※蒸留についてはp.134参照
実験完了

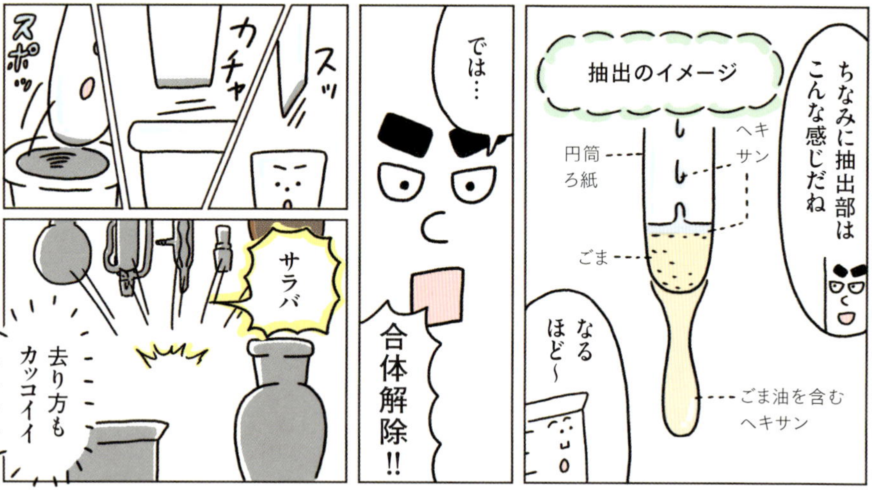
ちなみに抽出部はこんな感じだね
抽出のイメージ
ヘキサン
円筒ろ紙
ごま
ごま油を含むヘキサン
なるほど～
では…
合体解除!!
スポッ
カチャ
スッ
サラバ
去り方もカッコイイ

学生時代に実験室の仲間でお金を出し合って、インスタントコーヒーを買いました。が、ある学生が容器を床に落としてガシャン…みんな貧乏学生ですから大激怒です。当の学生は慌てず騒がず、飛び散ったガラスとコーヒーの粉をほうきで集めて水溶液に。で、濾過して試薬ビンに入れ「Conc コーヒー（Conc は濃縮の略）」と記して薬品棚へ収納。飲むときにお湯で薄めればよい…というわけです。おそれいりました…（これ、厳密には抽出ぢゃないなあ、似てるけど）。

ビーカーくんメモ

▼「ソックスレー」って名前もかっこいい

ソックスレー抽出器用抽出管くん

正式名称 ソックスレー抽出器用抽出管 (extraction tube for Soxlet's extractor)

得意技 円筒ろ紙を中に入れて抽出すること。

キャラ特性 ソックスレー抽出器におけるリーダー的存在。

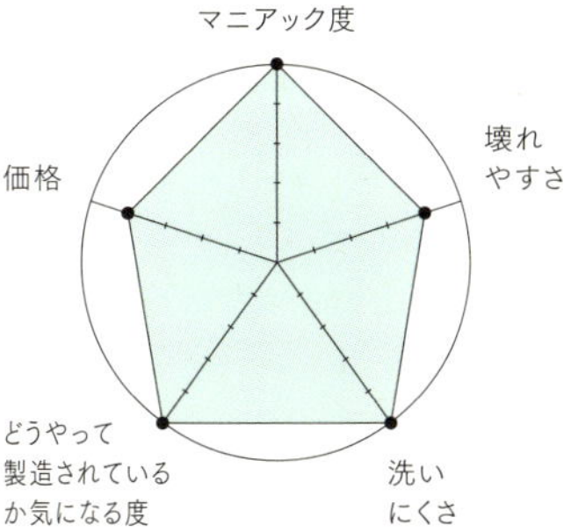
マニアック度
壊れやすさ
洗いにくさ
どうやって製造されているか気になる度
価格

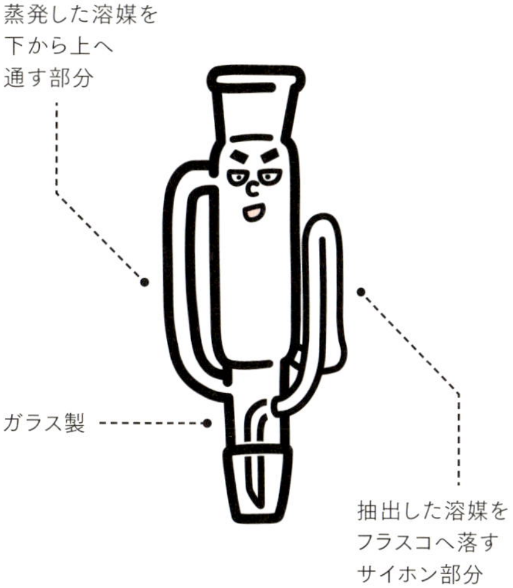
蒸発した溶媒を下から上へ通す部分
ガラス製
抽出した溶媒をフラスコへ落すサイホン部分

ソックスレー抽出器用フラスコくん

正式名称 ソックスレー抽出器用フラスコ (flask for Soxlet's extractor)

得意技 抽出溶媒を入れること。

キャラ特性 ソックスレー抽出器のいやし系的存在。

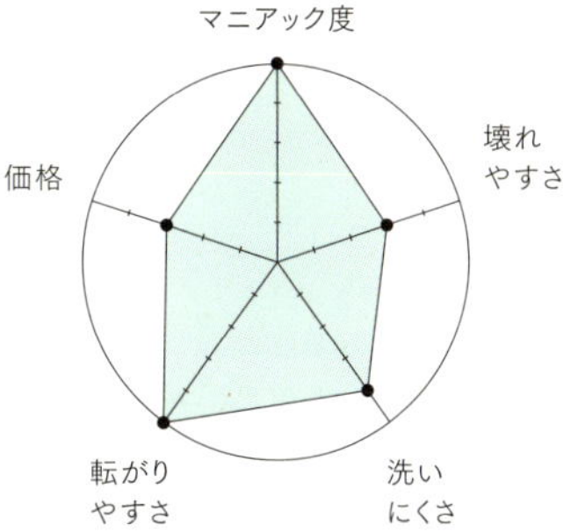
マニアック度
壊れやすさ
洗いにくさ
転がりやすさ
価格

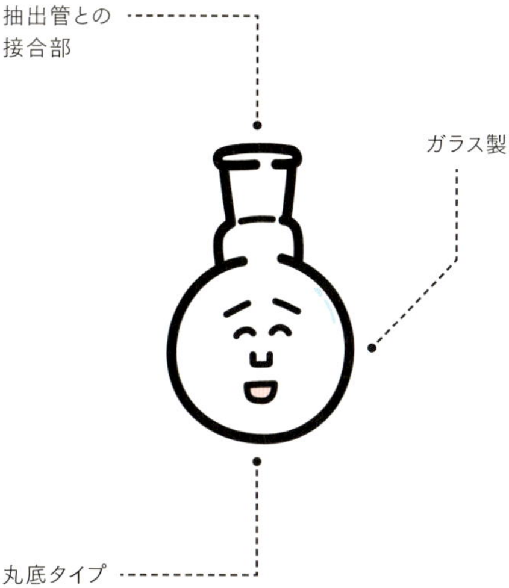
抽出管との接合部
ガラス製
丸底タイプ

ソックスレー抽出器による ごま油抽出実験

実験目的

- **ソックスレー抽出器の原理を知ること**

実験手順

①すりつぶしたごまを円筒ろ紙に入れる。
②装置をセットし冷却管に水を流す。
③抽出する。
④フラスコ内の抽出された溶媒を取り出す。
⑤蒸留を行いヘキサンを取り除く。

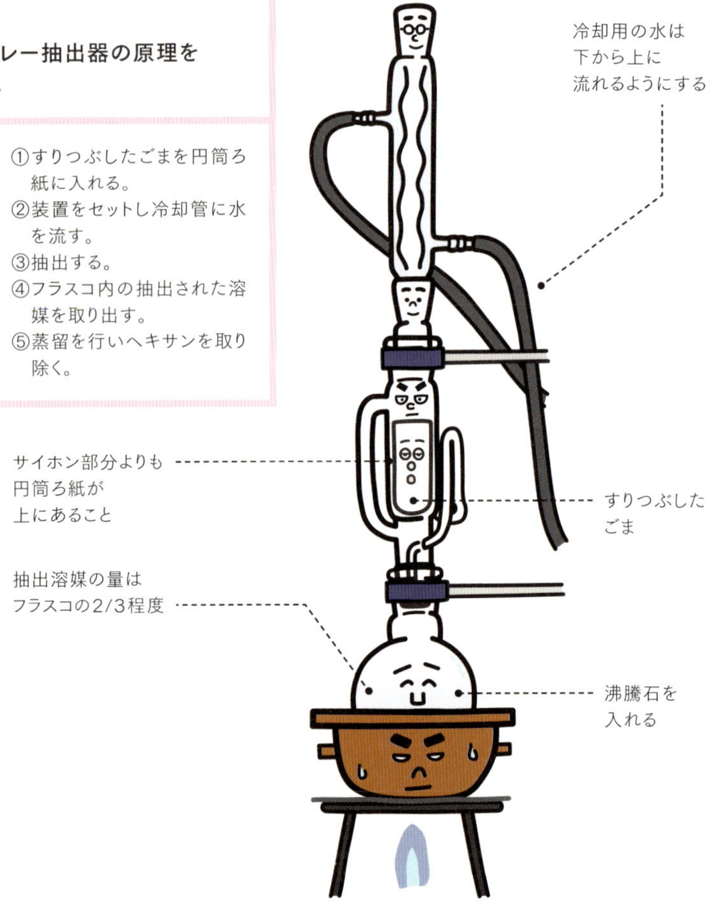
冷却用の水は
下から上に
流れるようにする
サイホン部分よりも
円筒ろ紙が
上にあること
すりつぶした
ごま
抽出溶媒の量は
フラスコの2/3程度
沸騰石を
入れる

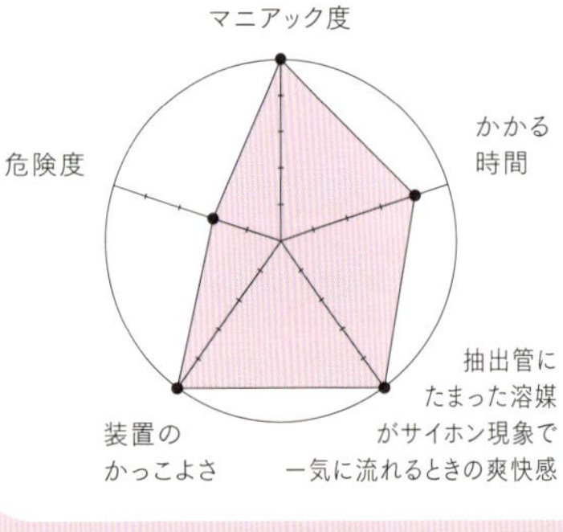
マニアック度
かかる
時間
抽出管に
たまった溶媒
がサイホン現象で
一気に流れるときの爽快感
装置の
かっこよさ
危険度

ワンポイントアドバイス
Onepoint
Advice

“ごまは円筒ろ紙の
7分目くらいまで
入れよう”

{ ソックスレー抽出器使用方法 } 詳細

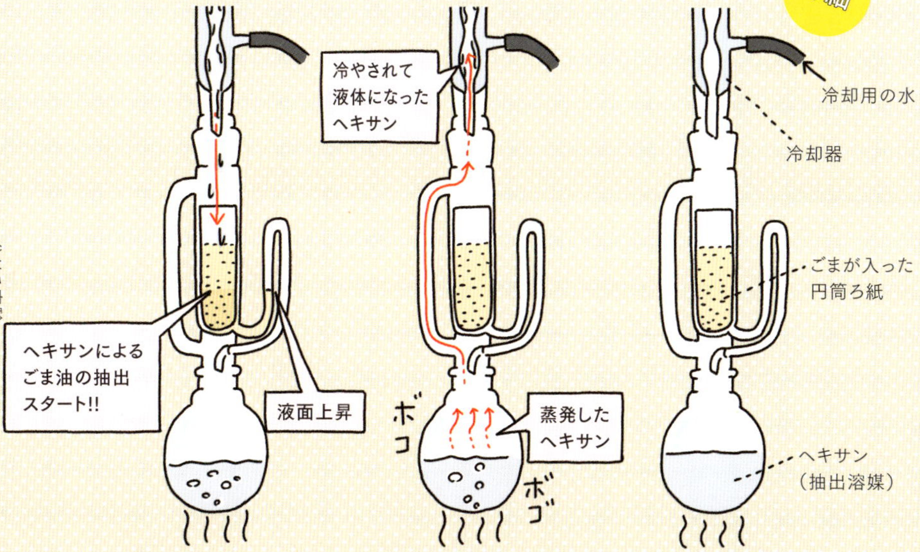

①加熱スタート

②蒸発したヘキサンが冷却器まで昇り、冷やされて液体になる

③液体になったヘキサンが抽出管にたまっていき外側の管の液面も上昇

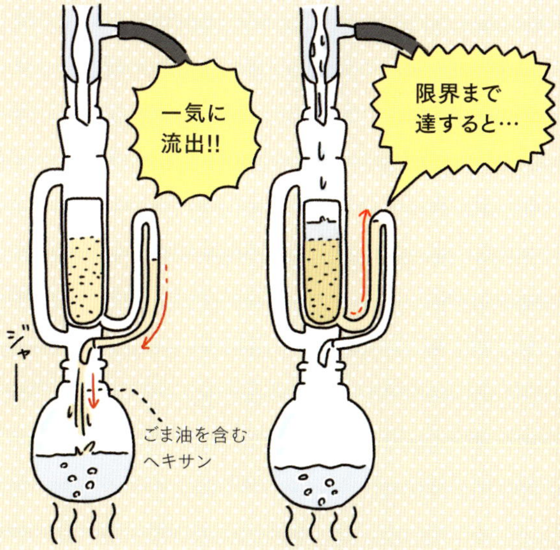

④外側の管の液面がサイホン部分の高さまで達する（その間も、抽出が進行）

⑤たまっていたヘキサンがサイホン現象によって一気にフラスコに流れる。その後も②～⑤を繰り返しヘキサン中のごま油濃度を高める

円筒ろ紙くん

正式名称 セルロース円筒ろ紙
(cellulose extraction thimble)

得意技 抽出したい物を中に入れること。

キャラ特性 ソックスレー抽出器の中の最重要ポジションだが本人はよくわかってない。

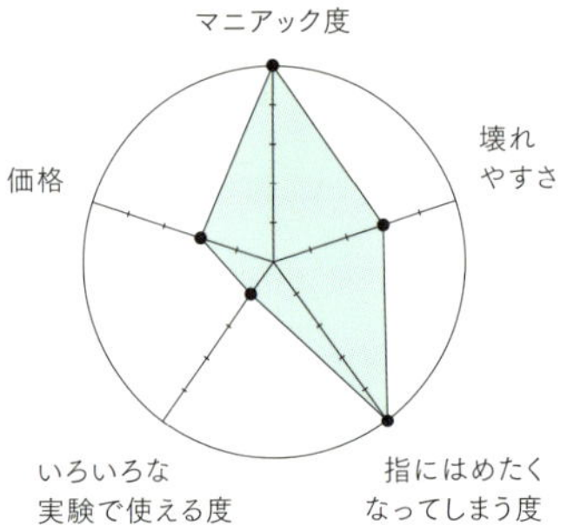
マニアック度
壊れ
やすさ
指にはめたく
なってしまう度
いろいろな
実験で使える度
価格

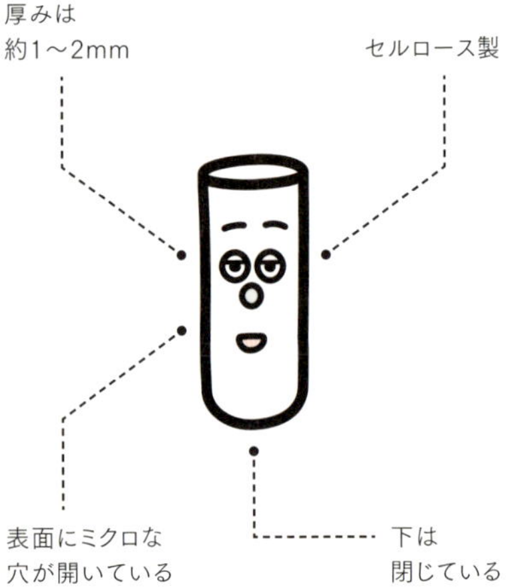
厚みは
約1～2mm
セルロース製
表面にミクロな
穴が開いている
下は
閉じている

湯煎器くんとフタくん

正式名称 湯煎器
(water bath)

得意技 中に水を入れて加熱すること。

キャラ特性 湯煎器くんがボソボソ話すので、フタくんが代弁する良いコンビ。

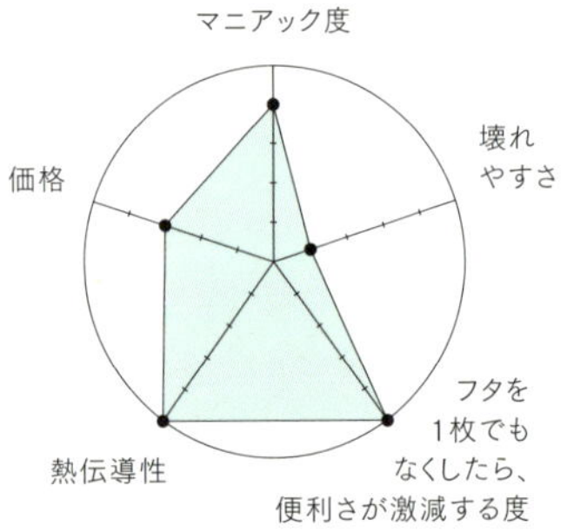
マニアック度
壊れ
やすさ
フタを
1枚でも
なくしたら、
便利さが激減する度
熱伝導性
価格

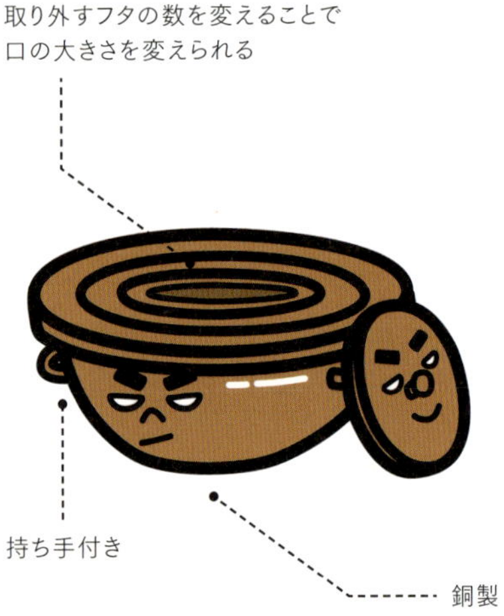
取り外すフタの数を変えることで
口の大きさを変えられる
持ち手付き
銅製

ビーカーくんメモ

▼ソックスレー抽出器チームのみんなの武器は何になるのかな…?

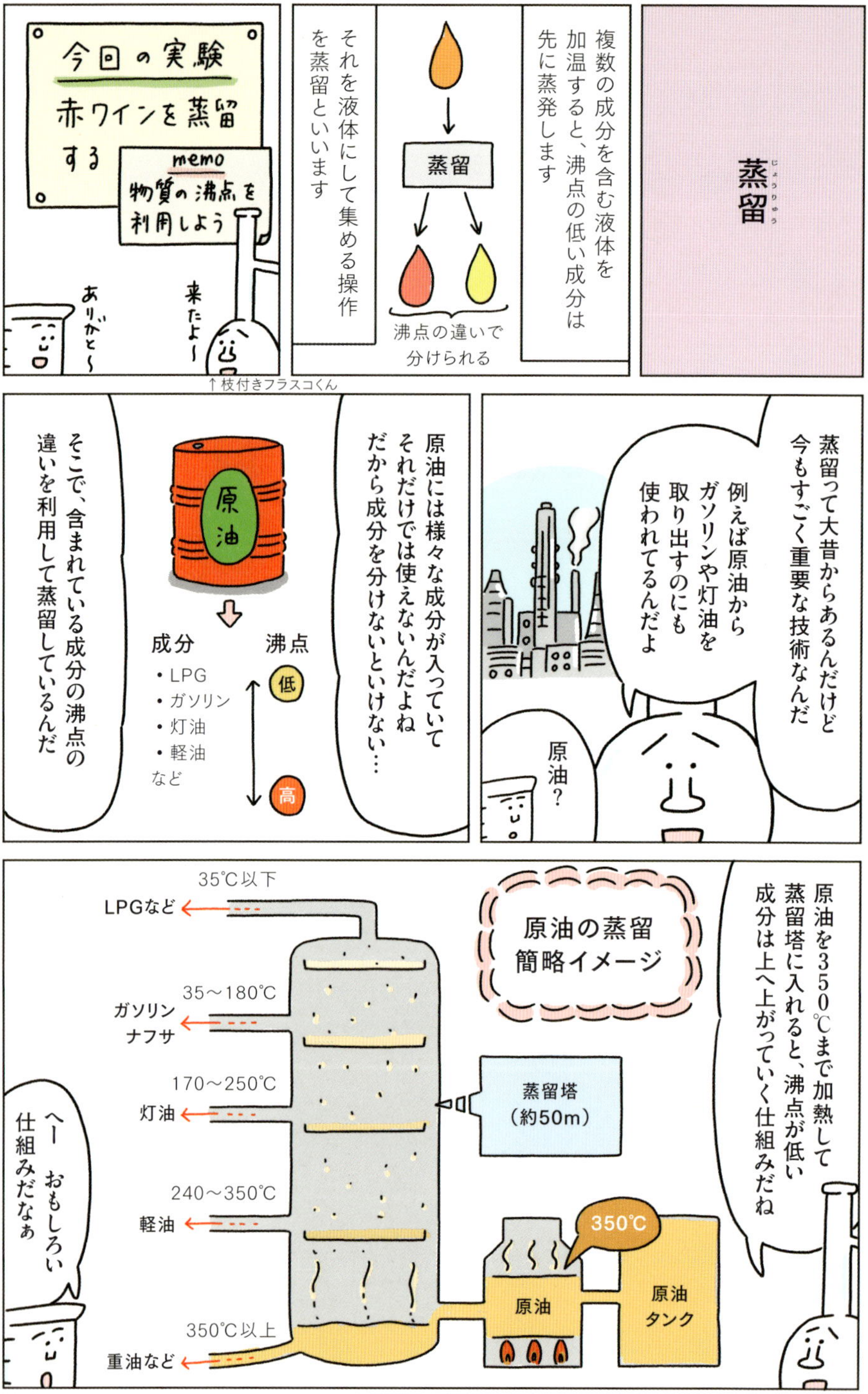
蒸留《じょうりゅう》
複数の成分を含む液体を加温すると、沸点の低い成分は先に蒸発します
蒸留
沸点の違いで分けられる
それを液体にして集める操作を蒸留といいます
今回の実験
赤ワインを蒸留する
memo
物質の沸点を利用しよう
来たよ～
ありがと～
↑枝付きフラスコくん
蒸留って大昔からあるんだけど今もすごく重要な技術なんだ
例えば原油からガソリンや灯油を取り出すのにも使われてるんだよ
原油？
原油には様々な成分が入っていてそれだけでは使えないんだよね
だから成分を分けないといけない…
原油
成分
・LPG
・ガソリン
・灯油
・軽油
など
沸点
低
高
そこで、含まれている成分の沸点の違いを利用して蒸留しているんだ
原油を350℃まで加熱して蒸留塔に入れると、沸点が低い成分は上へ上がっていく仕組みだね
原油の蒸留
簡略イメージ
35℃以下
LPGなど
35～180℃
ガソリン
ナフサ
170～250℃
灯油
240～350℃
軽油
350℃以上
重油など
蒸留塔
（約50m）
350℃
原油
原油
タンク
へー
おもしろい仕組みだなぁ

ちなみに沸点の低い成分を「軽い」その逆を「重い」と言うんだけどそれが「軽油・重油」の呼び名の由来さ
軽自動車の燃料って意味じゃないからね
間違いがち～
あとは他にもウイスキーなどのお酒や香水にもこの技術が使われているんだ
ウイスキーや焼酎
海水の淡水化
香水
そして今回のテーマの赤ワインは…
蒸留によってエタノール（アルコール成分）を取り出そう
水とエタノールの混合物ということがポイントなんだ
それでは実験やってみよう
オー！

赤ワインの蒸留

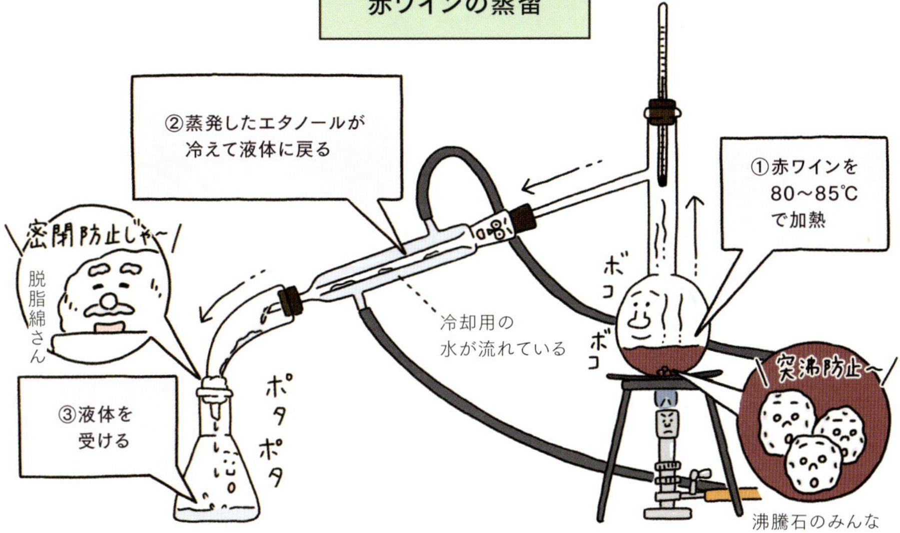
①赤ワインを80～85℃で加熱
ボコボコ
②蒸発したエタノールが冷えて液体に戻る
冷却用の水が流れている
③液体を受ける
ポタポタ
密閉防止じゃ～
脱脂綿さん
突沸防止～
沸騰石のみんな

赤ワインから透明な液体が取れたよ!!
赤ワイン
これは赤ワインの色の成分がエタノールよりも蒸発しにくいからなんだ
また、この実験の加熱ではエタノールの沸点である約78℃近くに合わせることが重要だね
約80℃
エタノールの蒸気
ボコ
ボコ
この温度ではエタノールがどんどん蒸発していくってわけさ※
※同時に水も一部蒸発する
蒸留で取り出した液体はエタノールを多く含むから燃えるんだ
ボッ
ちなみに赤ワインはそのままだと水分が多過ぎて燃えないよ
あと、沸騰させる時は沸騰石を必ず入れてね
沸騰石のみんな
これがないと突沸※が起きることがあって液体が混ざっちゃうんだ
ドーン
※突発的な激しい沸騰のこと
フーン
ちょっと!! フーンじゃなくて!!
突沸が大事故につながることもあるんだからさ!! ちゃんと聞いてよー
これは…突沸ならぬ、突怒《とつおこ》…
は、はい…

蒸留を学ぶと誰しもが考えるのは蒸留酒の製造です（考えないって?）。生物の授業で仕入れたアルコール発酵の知識をもとに、ドライイーストを大量に調達し、ブドウ糖溶液を調整し、30℃で湯煎して…と面倒な準備を終わらせました。いよいよ蒸留…というときに気づいたのですね、実験室にはエタノールがいっぱいあるではないかと（メタノールは飲めませんよ）。蒸留水で数倍に希釈すれば…良い子はまねしないよーに（っつーか、未成年の飲酒は絶対ダメです）。

ビーカーくんメモ

▼沸騰石を入れないと枝付きフラスコくんが怒っちゃう

赤ワインの蒸留実験

実験目的

- **蒸留の原理を知ること**

実験手順

①枝付きフラスコに赤ワインを入れる。
②装置をセットし加熱スタート。
③80℃付近になるように調整する。
④出てきた液体を受ける。

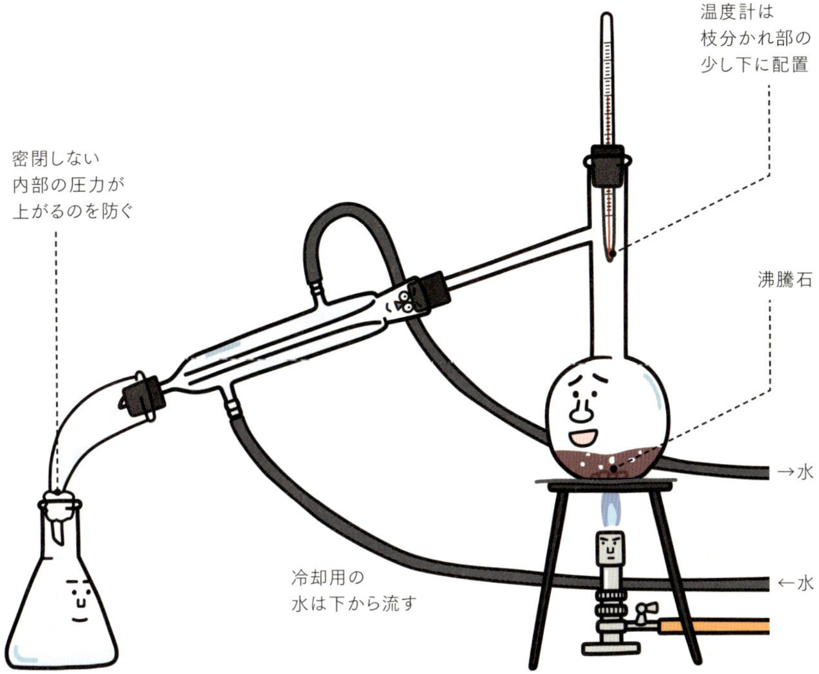

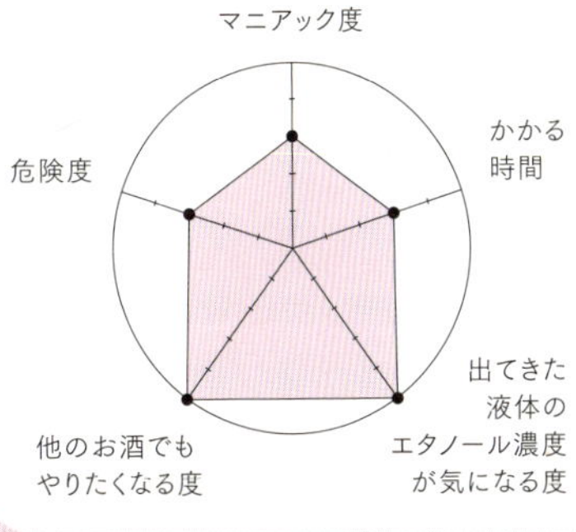

ワンポイントアドバイス
Onepoint
Advice

“沸騰石を入れ忘れたときは、
必ず一旦
温度を下げてから
入れよう!”

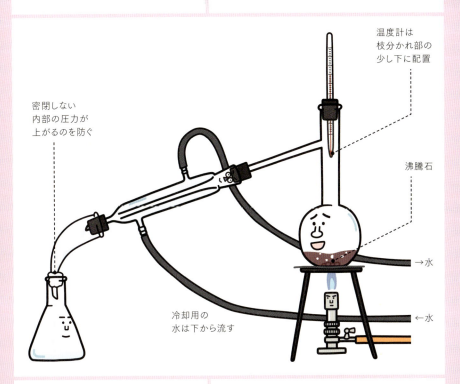

沸騰石のみんな

正式名称　沸騰石
(boiling stone)

得意技　中に含む気泡によって突沸を防ぐこと。

キャラ特性　口の中にも気泡があるのでいつも口が開いている。

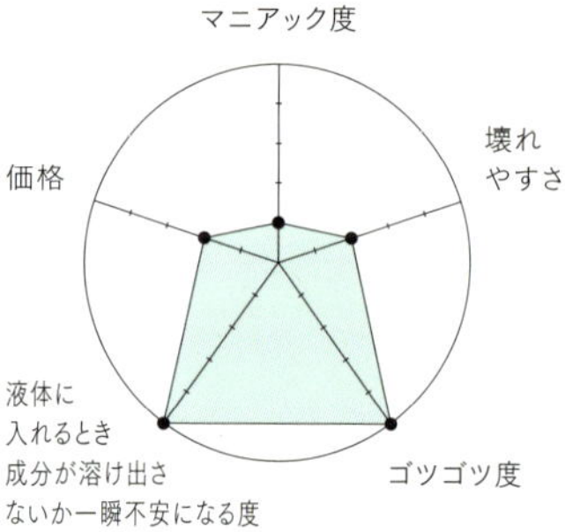
マニアック度
壊れ
やすさ
ゴツゴツ度
液体に
入れるとき
成分が溶け出さ
ないか一瞬不安になる度
価格

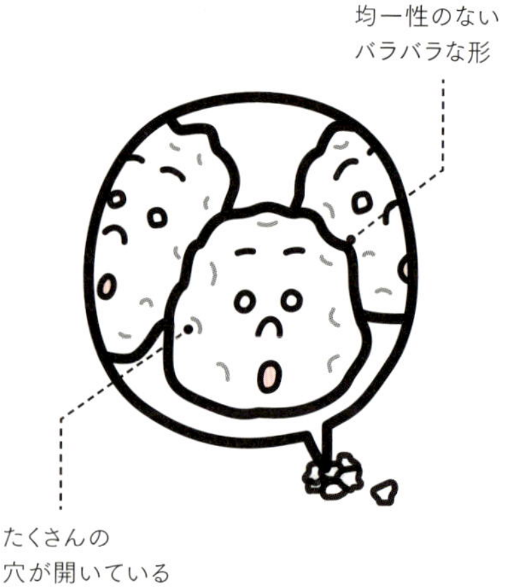
均一性のない
バラバラな形
たくさんの
穴が開いている

脱脂綿さん

正式名称　脱脂綿
(absorbent cotton)

得意技　空気を通しながらフタをすること。

キャラ特性　いつも笑顔のフワフワおじいさん。

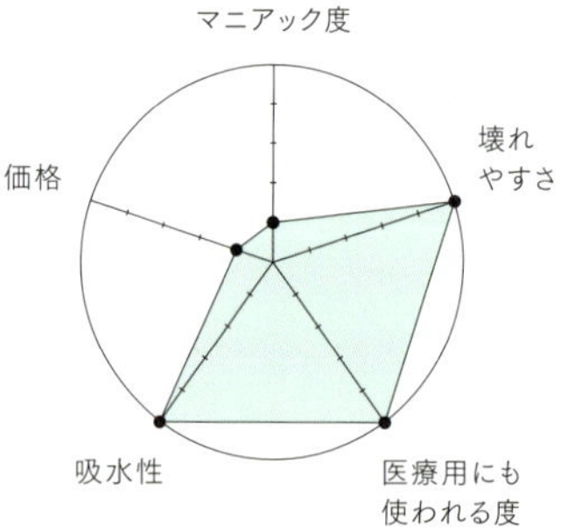
マニアック度
壊れ
やすさ
医療用にも
使われる度
吸水性
価格

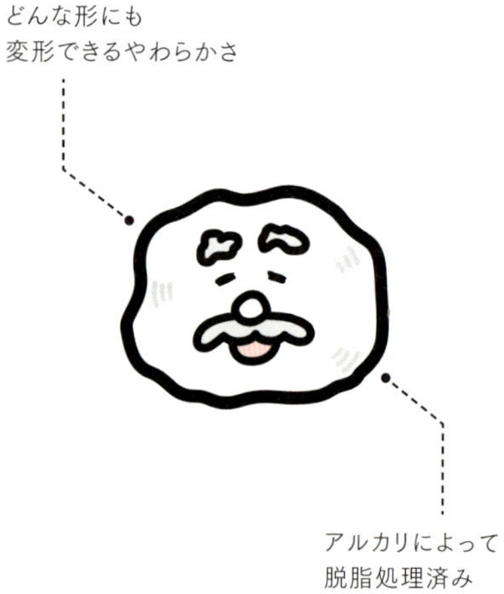
どんな形にも
変形できるやわらかさ
アルカリによって
脱脂処理済み

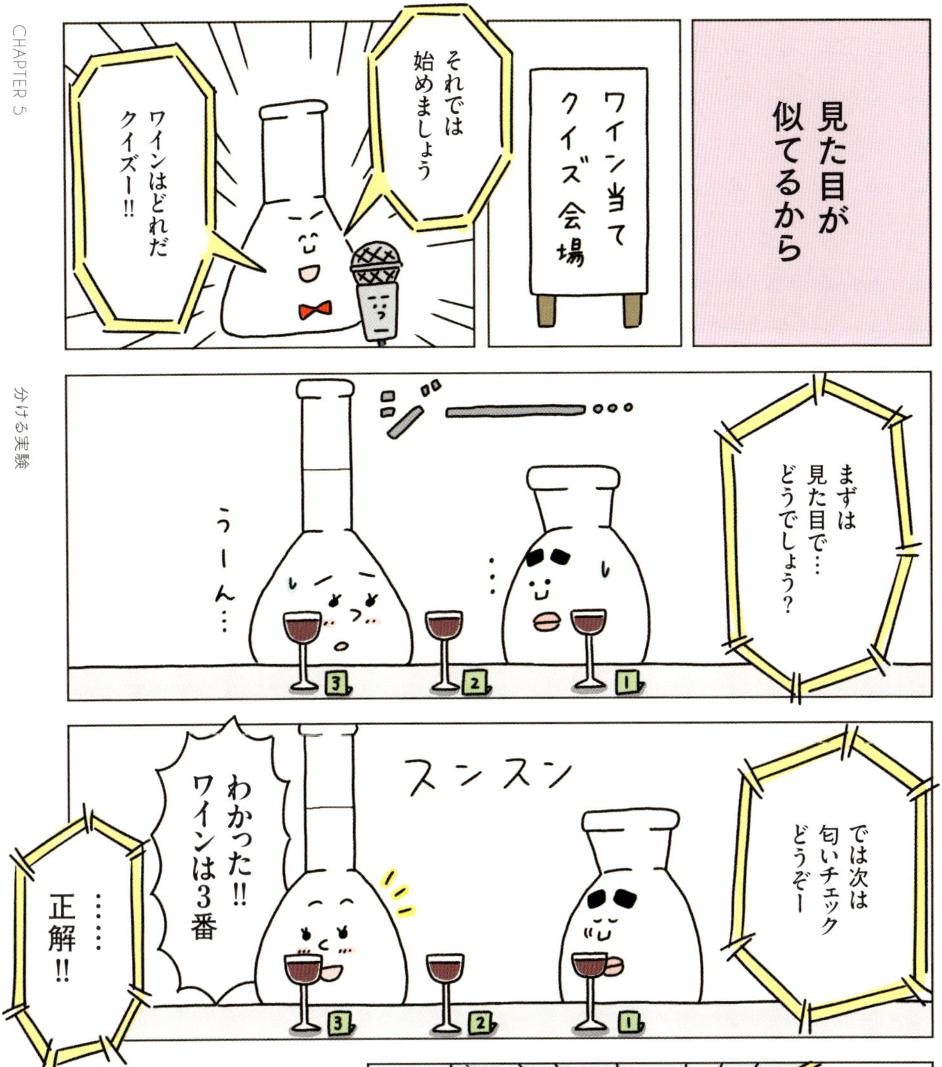
見た目が似てるから
ワイン当てクイズ会場
それでは始めましょう
ワインはどれだクイズー!!
まずは見た目でどうでしょう?
ジーーー…
うーん…
…
では次は匂いチェックどうぞー
スンスン
わかった!!ワインは3番
……正解!!

ちなみに他の2つはこちらでした～
ブドウジュース
水酸化ナトリウム水溶液（フェノールフタレイン入り）
え!? ちょっと!! 2番、2番!!

ビーカーくんメモ

▼2番の液体はすごくキケンだからね…

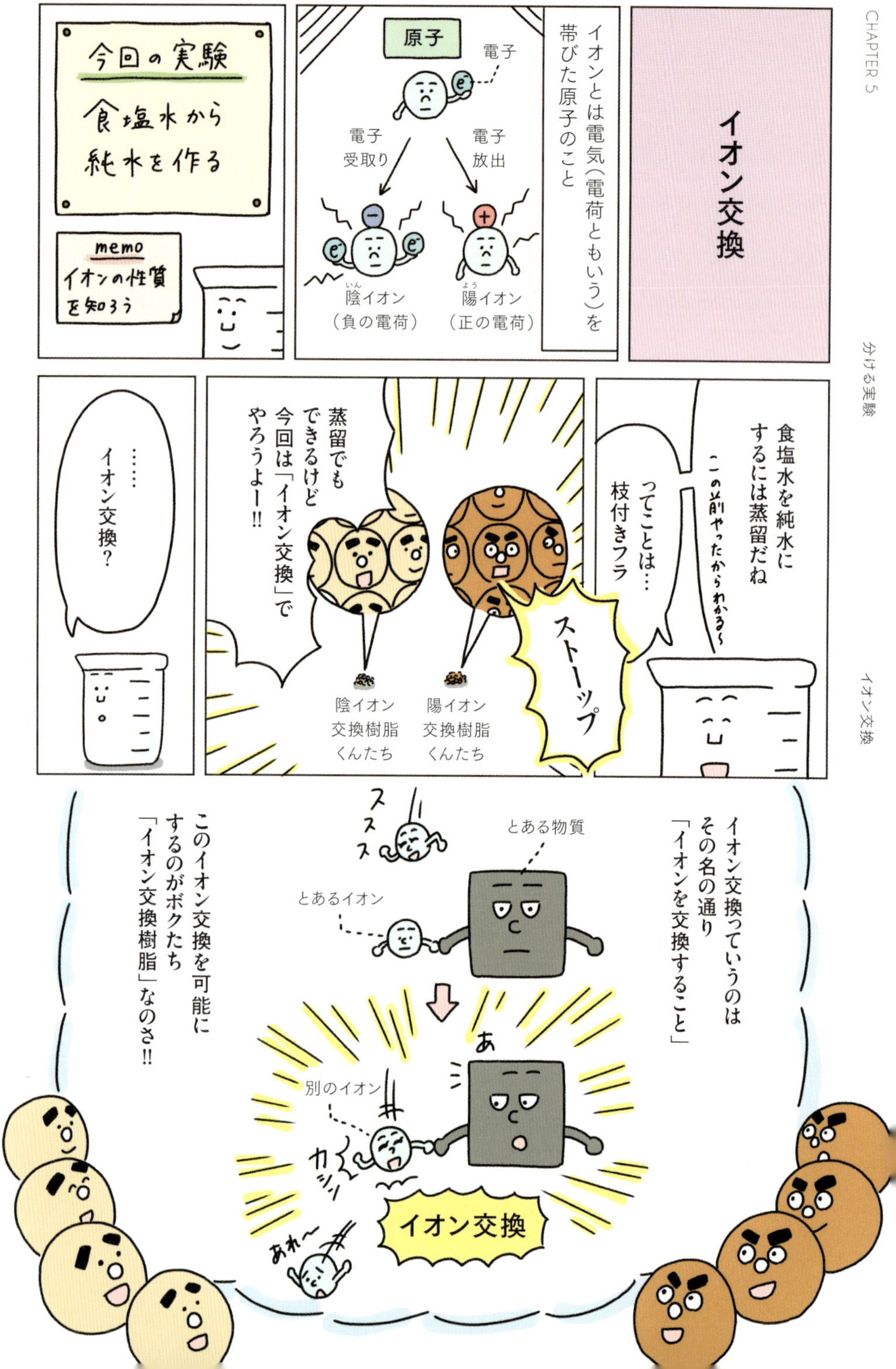
イオン交換
イオンとは電気（電荷ともいう）を帯びた原子のこと
原子
電子
e-
電子受取り
電子放出
−
+
陰《いん》イオン（負の電荷）
陽《よう》イオン（正の電荷）
今回の実験
食塩水から純水を作る
memo
イオンの性質を知ろう
食塩水を純水にするには蒸留だね
この前やったからわかる〜
ってことは…枝付きフラ
ストーップ
蒸留でもできるけど今回は「イオン交換」でやろうよー!!
陽イオン交換樹脂くんたち
陰イオン交換樹脂くんたち
……イオン交換？
イオン交換っていうのはその名の通り「イオンを交換すること」
ススス
とある物質
とあるイオン
あ
別のイオン
カシッ
イオン交換
あれ〜
このイオン交換を可能にするのがボクたち「イオン交換樹脂」なのさ!!

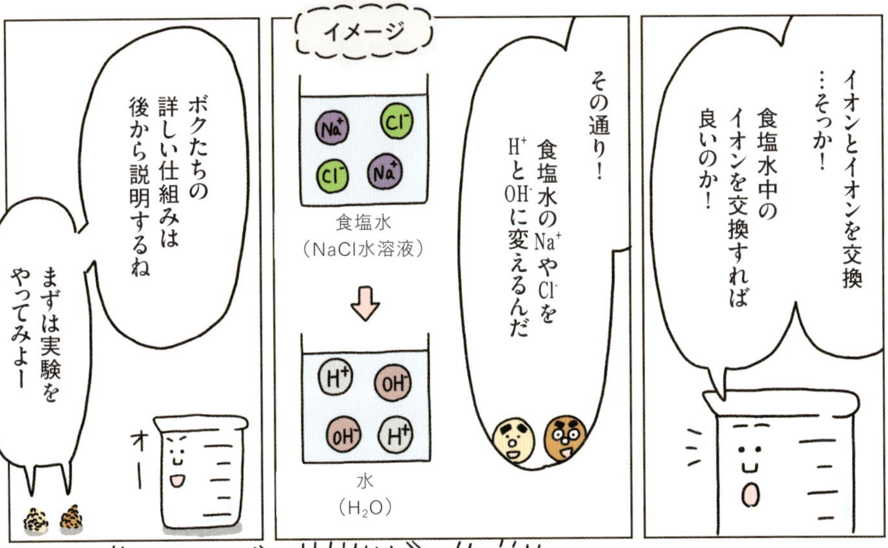
イオンとイオンを交換…そっか！
食塩水中のイオンを交換すれば良いのか！
イメージ
その通り！
食塩水のNa^+やCl^-をH^+とOH^-に変えるんだ
Na^+ Cl^- Cl^- Na^+
食塩水（NaCl水溶液）
H^+ OH^- OH^- H^+
水（H_2O）
ボクたちの詳しい仕組みは後から説明するね
まずは実験をやってみよー
オー

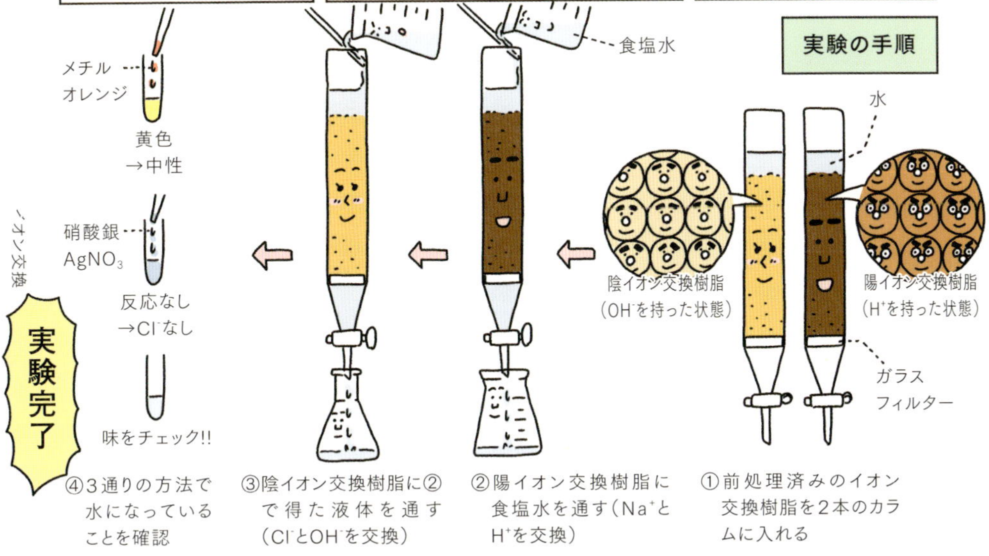
実験の手順
水
陰イオン交換樹脂（OH^-を持った状態）
陽イオン交換樹脂（H^+を持った状態）
ガラスフィルター
食塩水
メチルオレンジ
黄色→中性
硝酸銀 $AgNO_3$
反応なし→Cl^-なし
味をチェック!!
実験完了
①前処理済みのイオン交換樹脂を2本のカラムに入れる
②陽イオン交換樹脂に食塩水を通す（Na^+とH^+を交換）
③陰イオン交換樹脂に②で得た液体を通す（Cl^-とOH^-を交換）
④3通りの方法で水になっていることを確認

ビーカーくん最後に出てきた液体をなめてみて
どれどれ…
ペロッ
しょっぱくない!!
食塩水が水になったことが分かったみたいだね
それじゃあその原理を説明するね

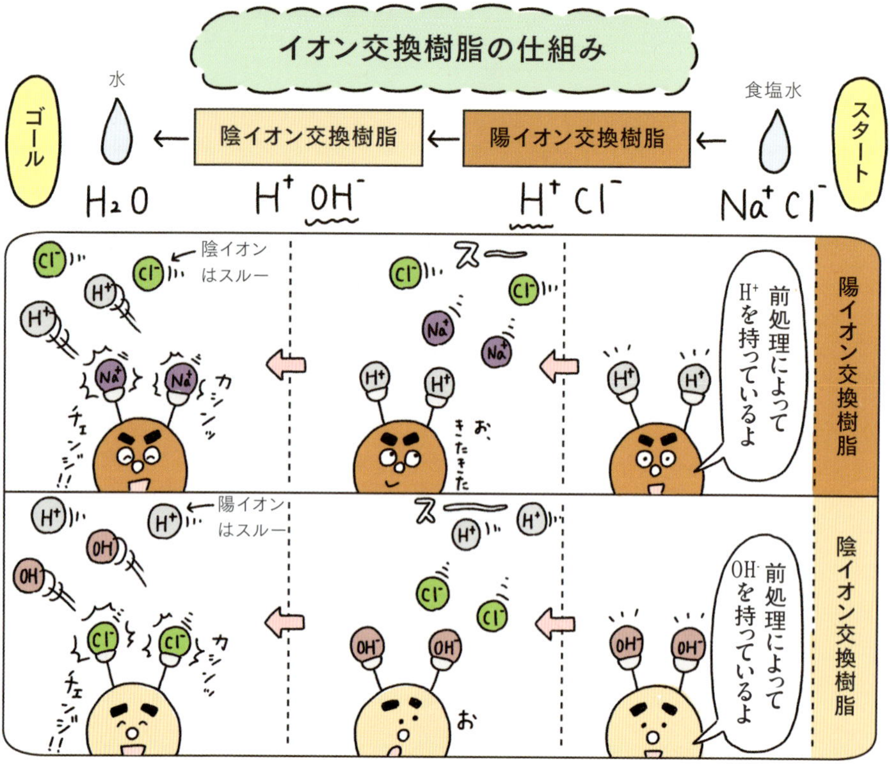
イオン交換樹脂の仕組み
スタート
食塩水
陽イオン交換樹脂
陰イオン交換樹脂
水
ゴール
$Na^+ Cl^-$
$H^+ Cl^-$
$H^+ OH^-$
H_2O
陽イオン交換樹脂
前処理によってH^+を持っているよ
スー
お、きたきた
陰イオンはスルー
カシンッ
チェンジ!!
陰イオン交換樹脂
前処理によってOH^-を持っているよ
スー
お
陽イオンはスルー
カシンッ
チェンジ!!

ちなみにボクたちは様々な分野で活躍してるんだ
イオン交換樹脂の用途の一例
医薬品の精製
食品素材の分離・精製
ノーベル賞で有名なスーパーカミオカンデでも使われてるんだよ
へ〜君たちってすごく小さいけど実はすごいんだね…
小さいからってばかにしないでよー
直径約0.5mm

イオン交換は高度な科学のワザ。某大手スーパー「イ○ン」でポイントを商品に交換するのとは違います（当然じゃ）。で、その主役であるイオン交換樹脂くんたちは、実験のじゃまになる雑多な（目的以外の）イオンを取りのぞいてくれる縁の下の力持ち。微量のイオン反応が問題になる厳密な分析などでは、蒸留水でもイオン交換をしてから使います。ただ、イオンを取りのぞいた水は美味しくないばかりか、大量に飲むとお腹を壊すとも言われます。飲まないようにね！

ビーカーくんメモ

▼イオン交換樹脂くんたちが集まるとすごいパワーを発揮

食塩水から純水を作る実験

実験目的

- **イオン交換を体感すること**

実験手順

①前処理済みのイオン交換樹脂をカラムに入れる。
②陽イオン交換樹脂に食塩水を通す。
③陰イオン交換樹脂に②で得た液体を通す。
④水になっていることを確認する。

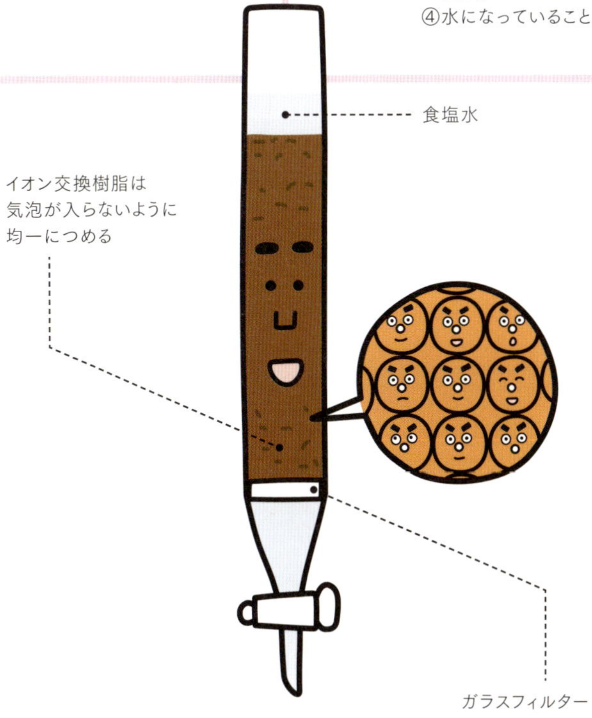
食塩水
イオン交換樹脂は
気泡が入らないように
均一につめる
ガラスフィルター

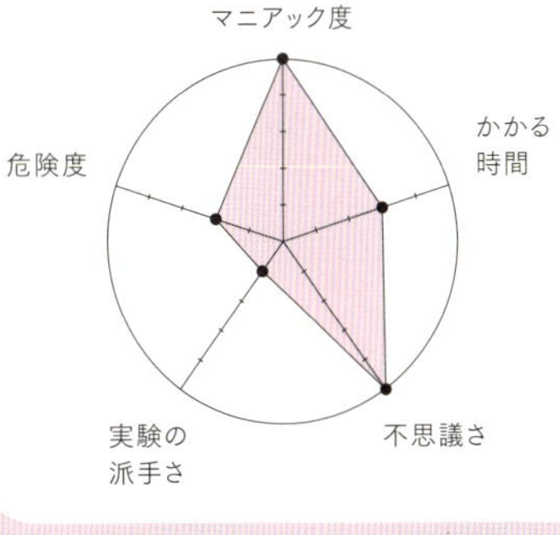
マニアック度
かかる
時間
不思議さ
実験の
派手さ
危険度

ワンポイントアドバイス
Onepoint
Advice

“イオン交換樹脂は
再生することで
また使えるようになるよ”

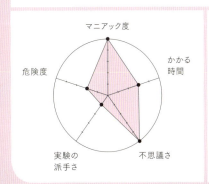

陽イオン交換樹脂くんたち

正式名称　陽イオン交換樹脂（cation-exchange resin）
得意技　陽イオンを入れ換えること。
キャラ特性　上がり眉がチャームポイント。

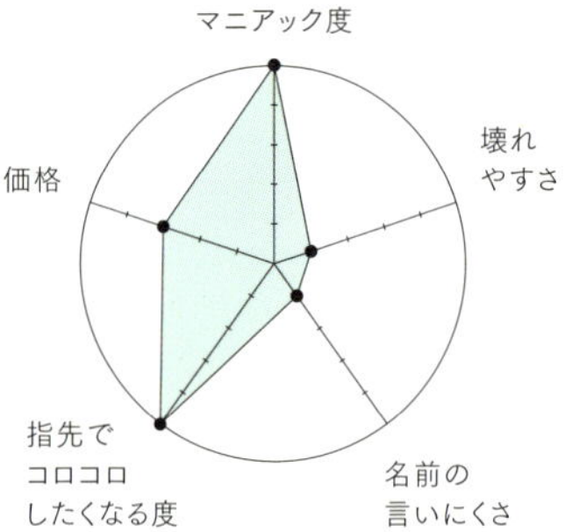
マニアック度
壊れやすさ
名前の言いにくさ
指先でコロコロしたくなる度
価格

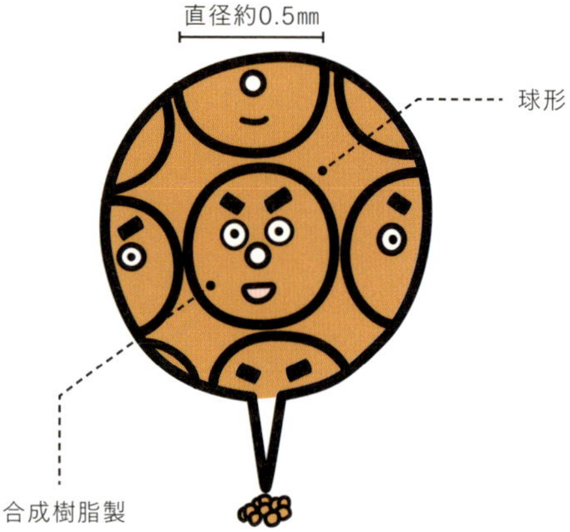
直径約0.5㎜
球形
合成樹脂製

陰イオン交換樹脂くんたち

正式名称　陰イオン交換樹脂（anion-exchange resin）
得意技　陰イオンを入れ換えること。
キャラ特性　下がり眉がチャームポイント。

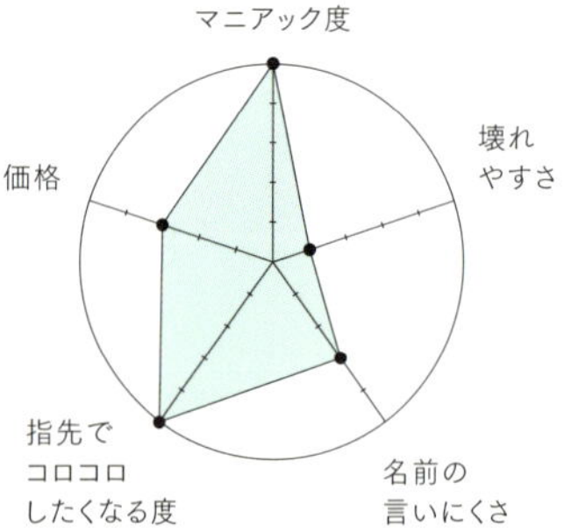
マニアック度
壊れやすさ
名前の言いにくさ
指先でコロコロしたくなる度
価格

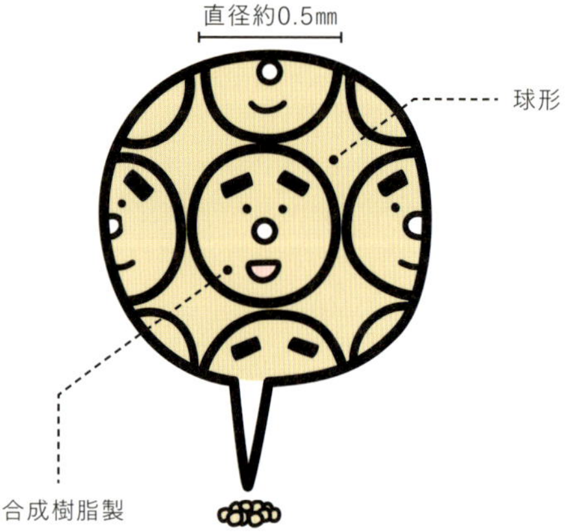
直径約0.5㎜
球形
合成樹脂製

｛ 実験に用いる精製水の種類 ｝

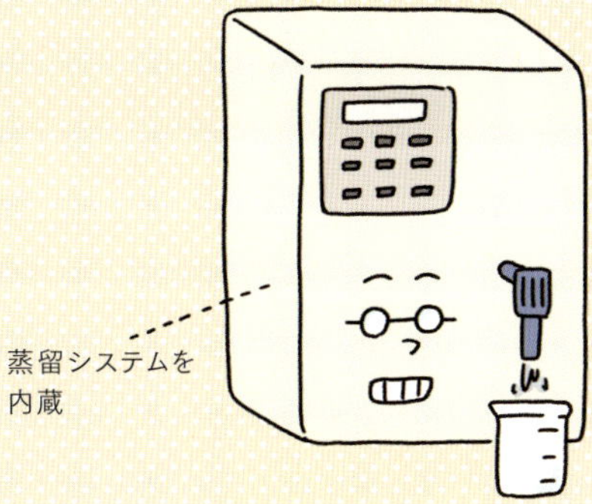
蒸留システムを
内蔵

蒸留水

→蒸留によって不純物(イオン成分、有機物、菌など)を除去した水

イオン交換
樹脂が中に
つまっている

イオン交換水

→金属イオンなどのイオン成分を除去した水

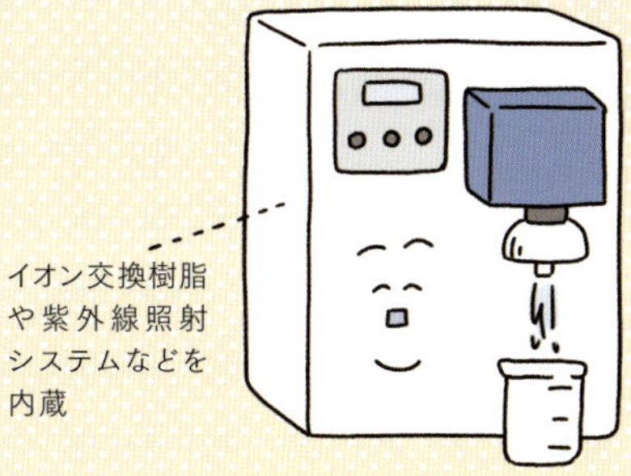
イオン交換樹脂
や紫外線照射
システムなどを
内蔵

超純水

→いくつかの方法を組み合わせて不純物を極限まで除去した水。物質を溶かし込む性質が高く、半導体洗浄にも使われている

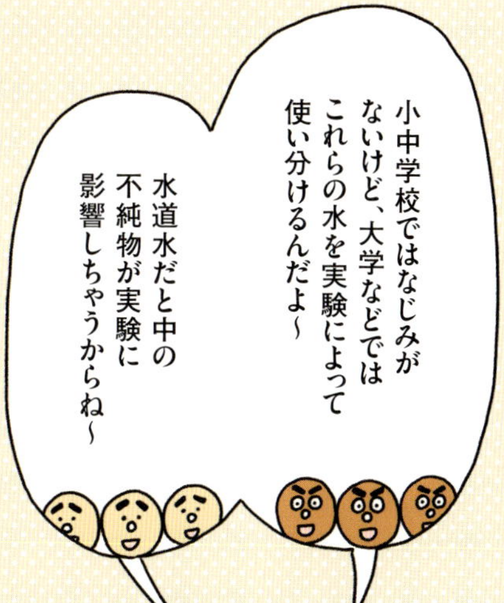
小中学校ではなじみがないけど、大学などではこれらの水を実験によって使い分けるんだよ～
水道水だと中の不純物が実験に影響しちゃうからね～

沈殿
沈殿とは化学反応で生成した固体の物質もしくはその現象のこと
ポタ
ポタ
沈殿でーす
今回の実験
試料内の金属イオン（Ag^+, Cu^{2+}, Fe^{3+}, Mn^{2+}, Ca^{2+}, Na^+）を分離する
memo
金属イオンの性質を知ろう
ろ紙くん
やあ
よろしく
この実験は系統分離とも呼ぶね
試料に含まれる金属イオンを1つずつ分けるんだ
え？そんなのどうやるの？
沈殿反応を利用するんだよ
沈殿
沈殿反応？
例えば溶液中にAg^+があったとき塩酸を加えると沈殿ができる
あとは、その沈殿をろ過して取り出せばAg^+の分離は完了
希塩酸
Ag^+を含む溶液
沈殿発生（AgCl）
ろ過
Ag^+の分離完了
ただ注意が必要なのは「共通の沈殿反応を起こすイオンがある」ってこと
例えば銀イオンAg^+だけじゃなく鉛イオンPb^{2+}も塩酸と反応して沈殿ができるんだよ

金属イオンの分類

属	分属試薬	金属イオン
I	希塩酸	Ag^+、Pb^{2+}
II	硫化水素（酸性条件下）	Cu^{2+}、Hg^{2+}、Cd^{2+}
III	アンモニア水	Al^{3+}、Fe^{3+}、Cr^{3+}
IV	硫化水素（アルカリ性条件下）	Mn^{2+}、Ni^{2+}、Zn^{2+}
V	炭酸アンモニウム水溶液	Ca^{2+}、Ba^{2+}、Sr^{2+}
VI	なし	Na^+、K^+、Mg^{2+}

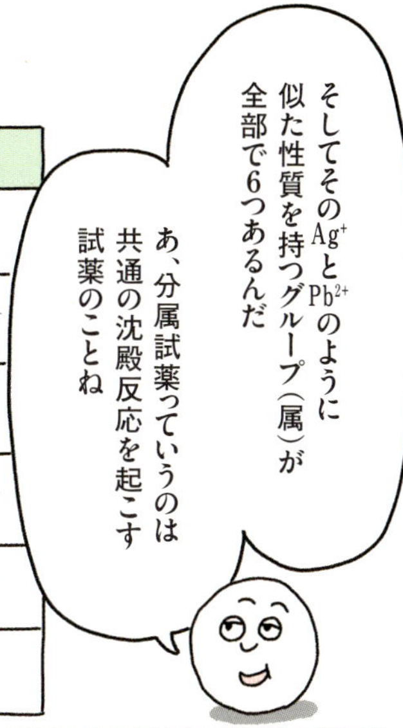
そしてそのAg^+とPb^{2+}のように似た性質を持つグループ（属）が全部で6つあるんだ
あ、分属試薬っていうのは共通の沈殿反応を起こす試薬のことね

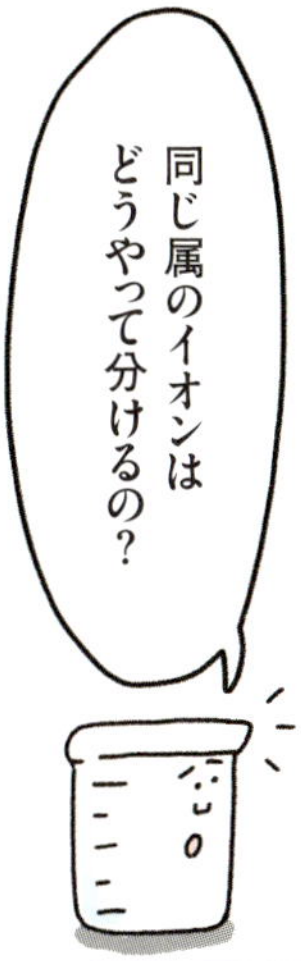
同じ属のイオンはどうやって分けるの？

大丈夫!!
ちゃんと分けられるんだ

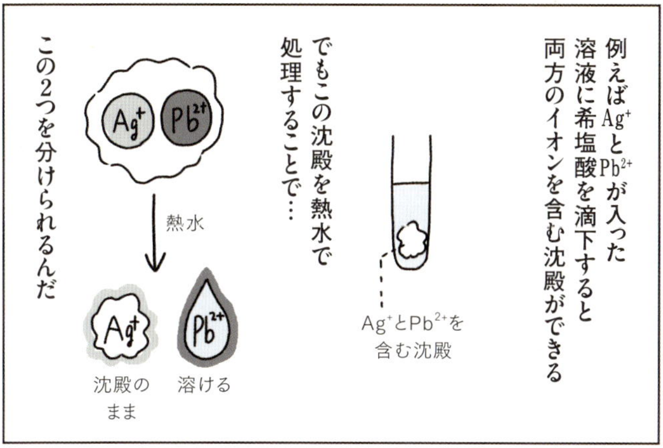
例えばAg^+とPb^{2+}が入った溶液に希塩酸を滴下すると両方のイオンを含む沈殿ができる
Ag^+とPb^{2+}を含む沈殿
でもこの沈殿を熱水で処理することで…
Ag^+
Pb^{2+}
熱水
Ag^+
Pb^{2+}
沈殿のまま
溶ける
この2つを分けられるんだ

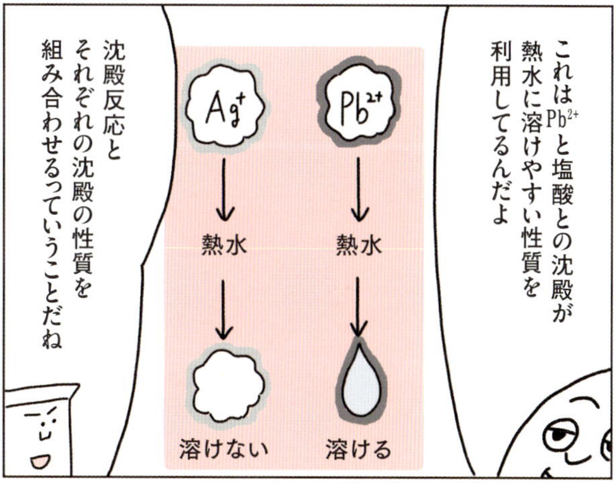
これはPb^{2+}と塩酸との沈殿が熱水に溶けやすい性質を利用してるんだよ
Pb^{2+}
熱水
溶ける
Ag^+
熱水
溶けない
沈殿反応とそれぞれの沈殿の性質を組み合わせるっていうことだね

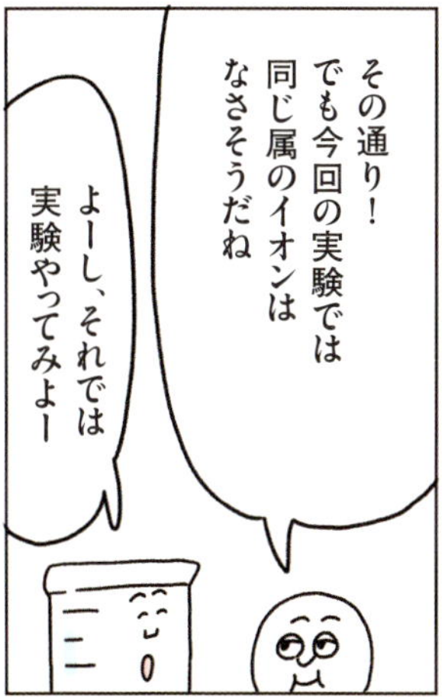
その通り！でも今回の実験では同じ属のイオンはなさそうだね
よーし、それでは実験やってみよー

金属イオンの系統分離手順

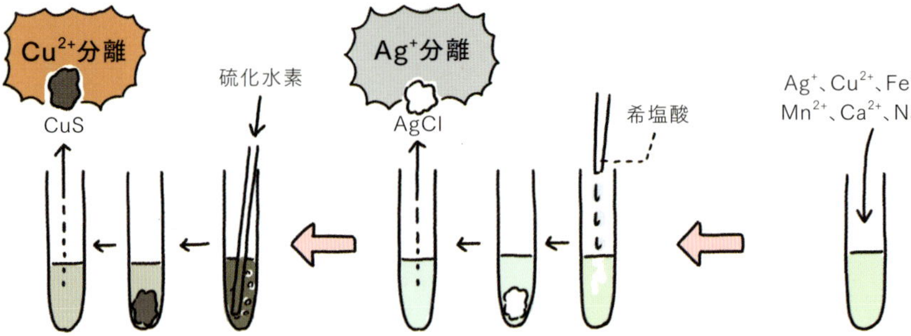

①試料を用意

②希塩酸を加え、生じた沈殿をろ過によって取り出す

③ろ液に硫化水素を通し（酸性条件）生じた沈殿を取り出す

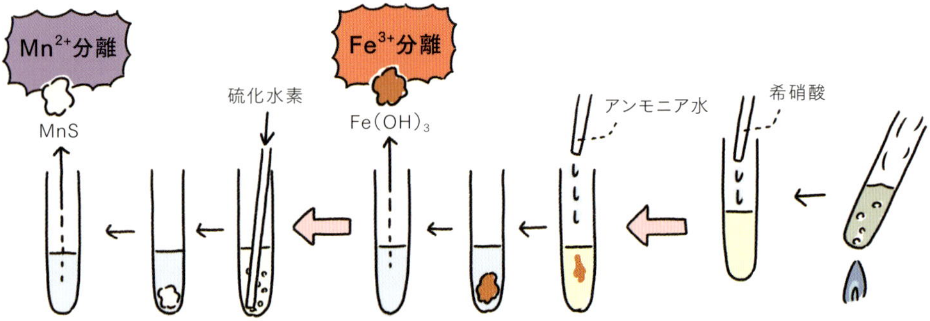

④煮沸し、硫化水素を追い出し、希硝酸を加える（硫化水素によって還元されたFe^{2+}をFe^{3+}に戻す）

⑤アンモニア水を過剰に加えて、生じた沈殿を取り出す

⑥硫化水素を通し（アルカリ性条件）生じた沈殿を取り出す

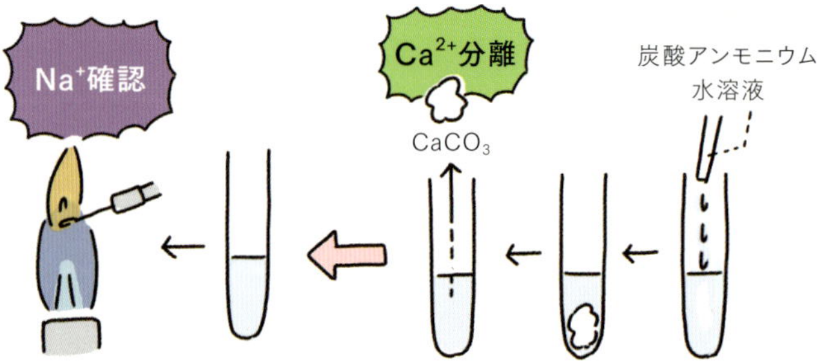

⑦炭酸アンモニウム水溶液を加え、生じた沈殿を取り出す

⑧最後に残ったろ液を白金耳に付け炎の中に入れる（炎色反応）

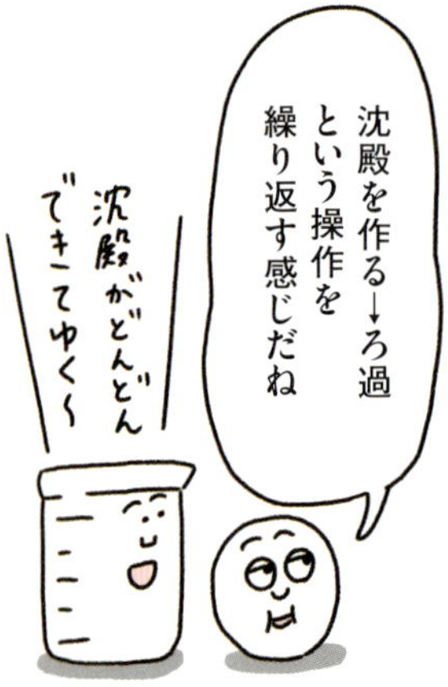

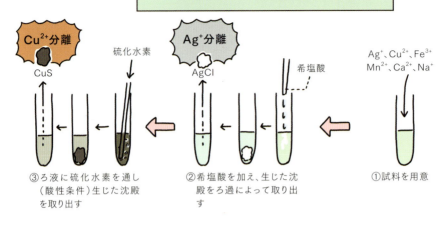

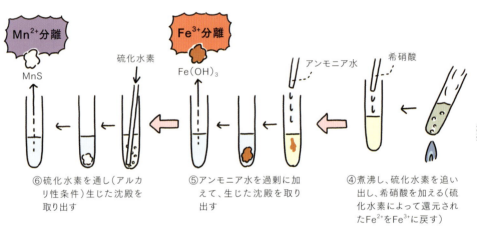

実験全体の流れ

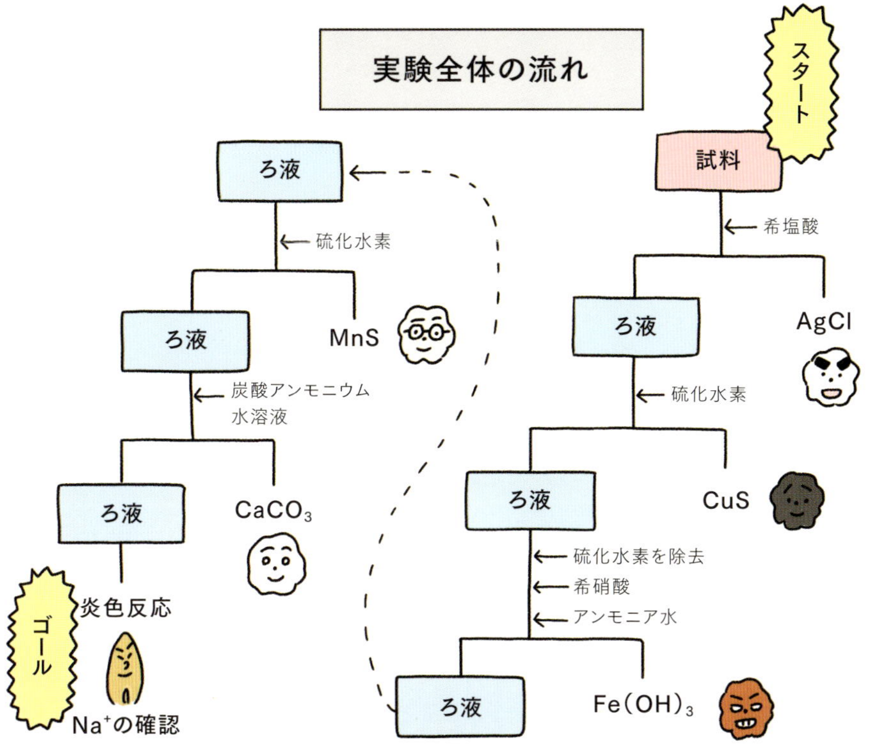

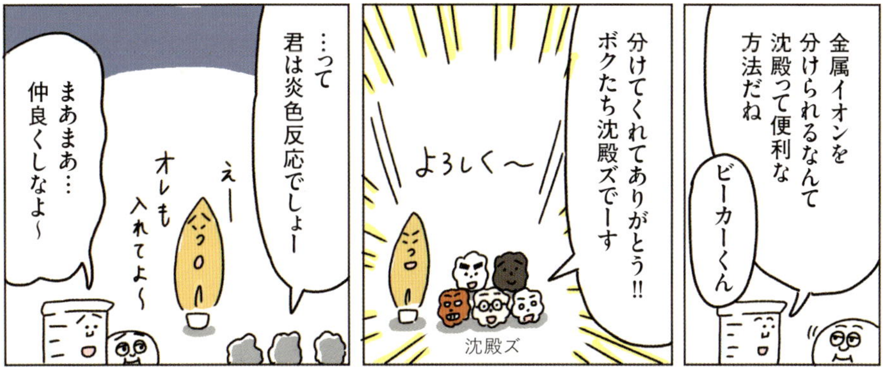

沈殿ズはとてもカラフルなので、さまざまな沈殿実験は人気があります。お気に入りはクロム酸銀沈殿で、透明な硝酸銀とうす黄色のクロム酸カリウム水溶液を混ぜると、予想に反してオドロオドロしい赤褐色の沈殿が生成されます。また、硫酸銅とアンモニア水＋水酸化ナトリウム水溶液でできる青白色の水酸化銅沈殿は、誰もが見入ってしまう美しさ。化学実験として重要であるだけでなく、色と現象のハーモニーで炎色反応と人気を二分しています（？）。

ビーカーくんメモ

▼系統分離の最後は炎色反応

金属イオンの系統分離実験

実験目的

- **金属イオンの性質の違いを体感すること**

実験手順

①Ag^{+}、Cu^{2+}、Fe^{3+}、Mn^{2+}、Ca^{2+}、Na^{+}を含む試料を用意。
②各分属試薬を用いて沈殿を取り出す。
③最後に炎色反応によってNa^{+}の確認をする。

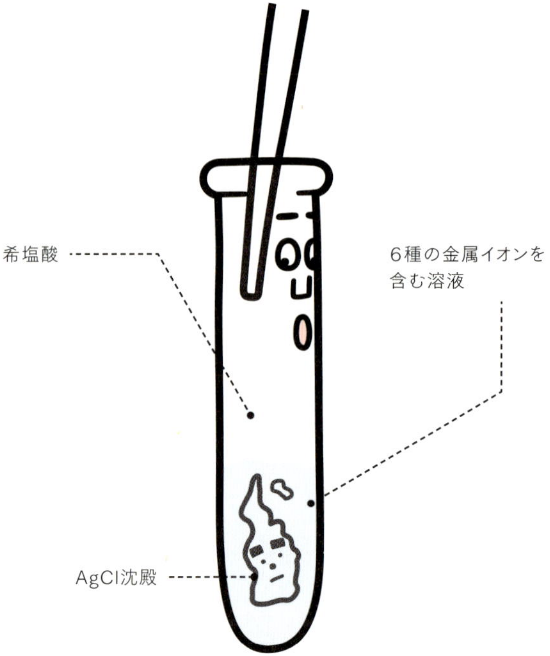

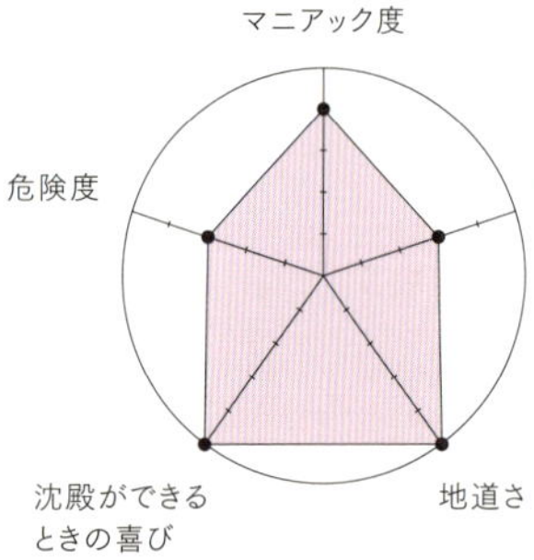

ワンポイントアドバイス
Onepoint Advice

“硫化水素は必ずドラフト内で扱ってね!”

沈殿ズ

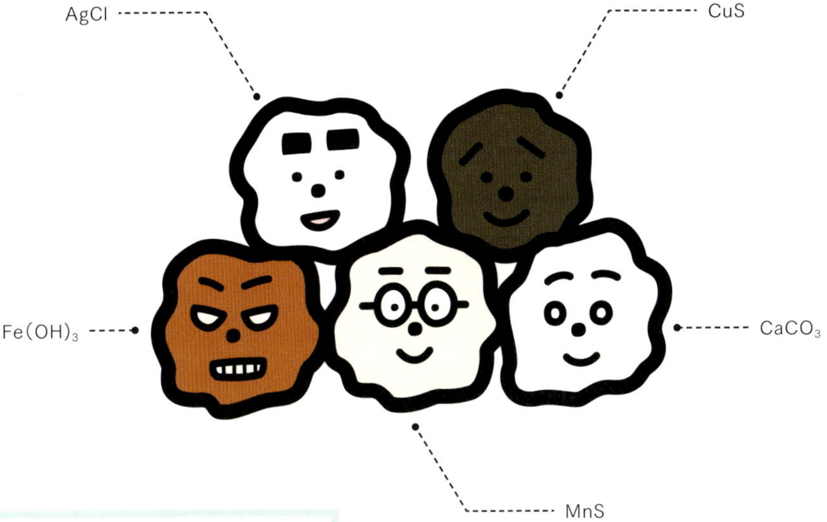
AgCl
CuS
$Fe(OH)_3$
$CaCO_3$
MnS

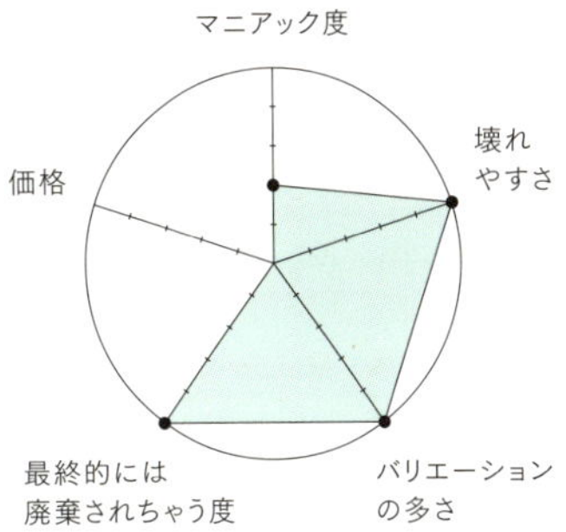
マニアック度
壊れやすさ
バリエーションの多さ
最終的には廃棄されちゃう度
価格

正式名称	沈殿 (precipitation)
得意技	特定の金属イオンの存在を証明すること。
キャラ特性	沈殿であることに誇りをもっている集まり。

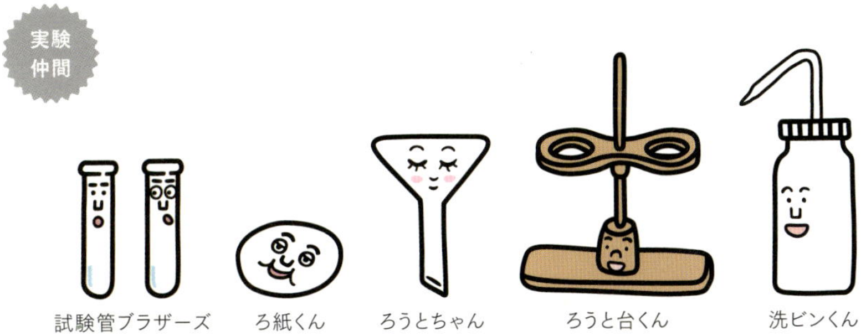
実験仲間
試験管ブラザーズ
ろ紙くん
ろうとちゃん
ろうと台くん
洗ビンくん

ふろく1 関連用語解説

炎色反応

金属イオンの系統分離実験でも最後に欠かせない工程の一つがこの反応。最後の最後まで残った物質を突き止めることができる。とはいえおそらく多くの人にとっては、実験室の中での反応よりも花火のほうが身近に起こる炎色反応実験である。

結晶

分子などが規則正しく配列している個体。ミョウバンの結晶のように八面体になるものもあれば、塩の結晶のように六面体になるものもある。いろいろなものを溶かして結晶にして、理由を考察するだけでも面白い自由研究になりそう。時間がかかるためじっくり取り組みたい実験の一つ。

試料

分析等を行うためのもの、サンプルのこと。河川から採水した水や畑の土壌、地質調査で得られた岩石のような野外調査で得られるものや、動植物をはじめとした生物の細胞など、この言葉が指すものはそれぞれの実験室で異なり、多岐にわたる。限られた試料をいかに使うかに神経を使う場面も多いはず。

純水

水に含まれる不純物やミネラルなどを除いてきれいにした水。精密な分析などでは必須だが、きれいだからといって飲むとおなかが下ることもあるので、飲料水としておススメしがたい。純水の段階では取り除ききれないものまで全て取り除いた超純水もある。

ゼロ補正

天秤を使用するとき最初に行う。はかる部分に何も乗せていない状態で、指示値がゼロになるように調整すること。天秤の取り扱いでも登場した作業であるが、とても忘れやすい。忘れた

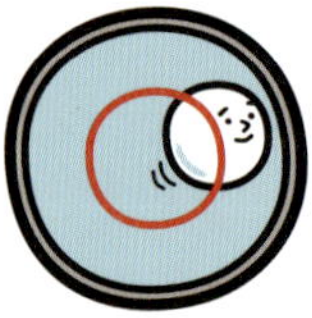

挙句たいていは実験が終わりに近づいたときに気づき、それまでの計測結果はすべて無駄になってしまうという恐ろしいワナになる。

共洗い

共洗い実験で使用する液体で器具の中をすすぐこと。分析の際によく行われる手順。2〜3回程度に分けてまんべんなくすすぐ。そうすることで分析対象以外のものの混入を防ぐことができる。が、分析試料の量が限られていることも多く、わずかな量でいかにきっちりとすすぐかが至難の技になることも。場合によっては実験よりも気を使うかも!?

廃液

調製した試薬の余りやメスアップに失敗し調製しそこなかった試薬、ビーカーに取り分けた1モル塩酸の余りなど、様々な試薬の混合物。廃液入れに捨てる際にスターラーバーを落とすことも多く、探し出すのは困難を極める。廃液入れに入っている液体によってはうまく中和されて中性に近い場合もあるが、大抵は酸性か塩基性にひどく偏っている。手を入れたりするのはとても危険なため、絶対に避けておきたい。

フェーリング反応

フェーリングさんが発明したフェーリング液を用いた反応実験。このフェーリング液を使った赤色沈殿実験は教科書や資料集でおなじみの実験の一つ。初めて見た時には赤!っと驚くこと請け合い。とても美しい赤い沈殿ができる。

ベンゼン、ベンゼン環

分子式 C_6H_6 で示される化合物。構造は正六角形の環状になっていて、正六角形になった6つの炭素の周りに6つの水素が結合している。構造式の中にベンゼンが出てくると途端に化学っぽさが増す。正六角形がいくつも連なるような構造式は見ていても楽しい。このベンゼンを含むものは芳香族と呼ばれていて、香りを持つものが多く存在する。いわゆる「いい匂い」かどうかはまた別の問題。

捕集

生成した気体など、特定の成分を集めること。特に気体の場合にはうまく捕集できているかどうかの確認がしづらいため、実験の終わりまでドキドキが続くことになる。

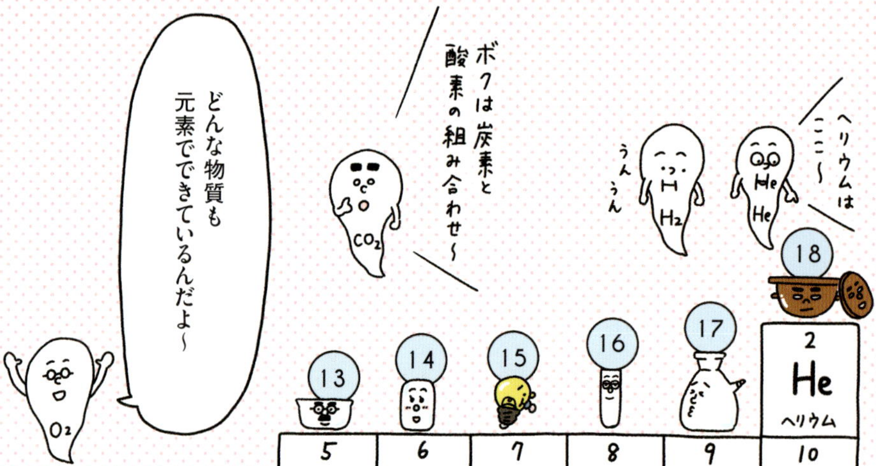
どんな物質も元素でできているんだよ～
O_2
ボクは炭素と酸素の組み合わせ～
CO_2
うんうん
H_2
ヘリウムはここ～
He

10	11	12	13	14	15	16	17	18
								2 He ヘリウム
			5 B ホウ素	6 C 炭素	7 N 窒素	8 O 酸素	9 F フッ素	10 Ne ネオン
			13 Al アルミニウム	14 Si ケイ素	15 P リン	16 S 硫黄	17 Cl 塩素	18 Ar アルゴン
28 Ni ニッケル	29 Cu 銅	30 Zn 亜鉛	31 Ga ガリウム	32 Ge ゲルマニウム	33 As ヒ素	34 Se セレン	35 Br 臭素	36 Kr クリプトン
46 Pd パラジウム	47 Ag 銀	48 Cd カドミウム	49 In インジウム	50 Sn スズ	51 Sb アンチモン	52 Te テルル	53 I ヨウ素	54 Xe キセノン
78 Pt 白金	79 Au 金	80 Hg 水銀	81 Tl タリウム	82 Pb 鉛	83 Bi ビスマス	84 Po ポロニウム	85 At アスタチン	86 Rn ラドン
110 Ds ダームスタチウム	111 Rg レントゲニウム	112 Cn コペルニシウム	113 Nh ニホニウム	114 Fl フレロビウム	115 Mc モスコビウム	116 Lv リバモリウム	117 Ts テネシン	118 Og オガネソン

63 Eu ユウロピウム	64 Gd ガドリニウム	65 Tb テルビウム	66 Dy ジスプロシウム	67 Ho ホルミウム	68 Er エルビウム	69 Tm ツリウム	70 Yb イッテルビウム	71 Lu ルテチウム
95 Am アメリシウム	96 Cm キュリウム	97 Bk バークリウム	98 Cf カリホルニウム	99 Es アインスタイニウム	100 Fm フェルミウム	101 Md メンデレビウム	102 No ノーベリウム	103 Lr ローレンシウム

ふろく 2

元素周期表

元素記号の上の数字は原子番号を示す。
原子番号104番以降の元素については周期表上の位置は暫定的なものである

1 H 水素								
3 Li リチウム	4 Be ベリリウム							
11 Na ナトリウム	12 Mg マグネシウム							
19 K カリウム	20 Ca カルシウム	21 Sc スカンジウム	22 Ti チタン	23 V バナジウム	24 Cr クロム	25 Mn マンガン	26 Fe 鉄	27 Co コバルト
37 Rb ルビジウム	38 Sr ストロンチウム	39 Y イットリウム	40 Zr ジルコニウム	41 Nb ニオブ	42 Mo モリブデン	43 Tc テクネチウム	44 Ru ルテニウム	45 Rh ロジウム
55 Cs セシウム	56 Ba バリウム	57～71 ランタノイド	72 Hf ハフニウム	73 Ta タンタル	74 W タングステン	75 Re レニウム	76 Os オスミウム	77 Ir イリジウム
87 Fr フランシウム	88 Ra ラジウム	89～103 アクチノイド	104 Rf ラザホージウム	105 Db ドブニウム	106 Sg シーボーギウム	107 Bh ボーリウム	108 Hs ハッシウム	109 Mt マイトネリウム

ランタノイド	57 La ランタン	58 Ce セリウム	59 Pr プラセオジム	60 Nd ネオジム	61 Pm プロメチウム	62 Sm サマリウム
アクチノイド	89 Ac アクチニウム	90 Th トリウム	91 Pa プロトアクチニウム	92 U ウラン	93 Np ネプツニウム	94 Pu プルトニウム

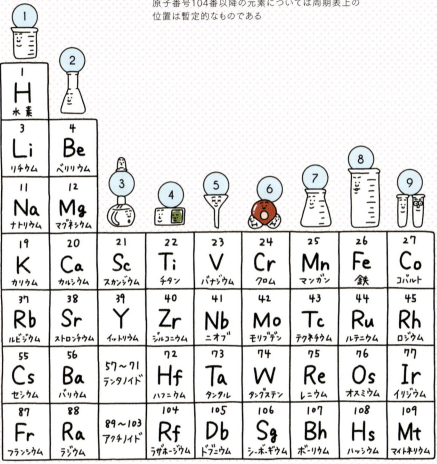

ふろく
3

間違い探し

右と左の絵を比べて、
違うところを見つけよう！
間違いは10カ所（答えは、p.159）

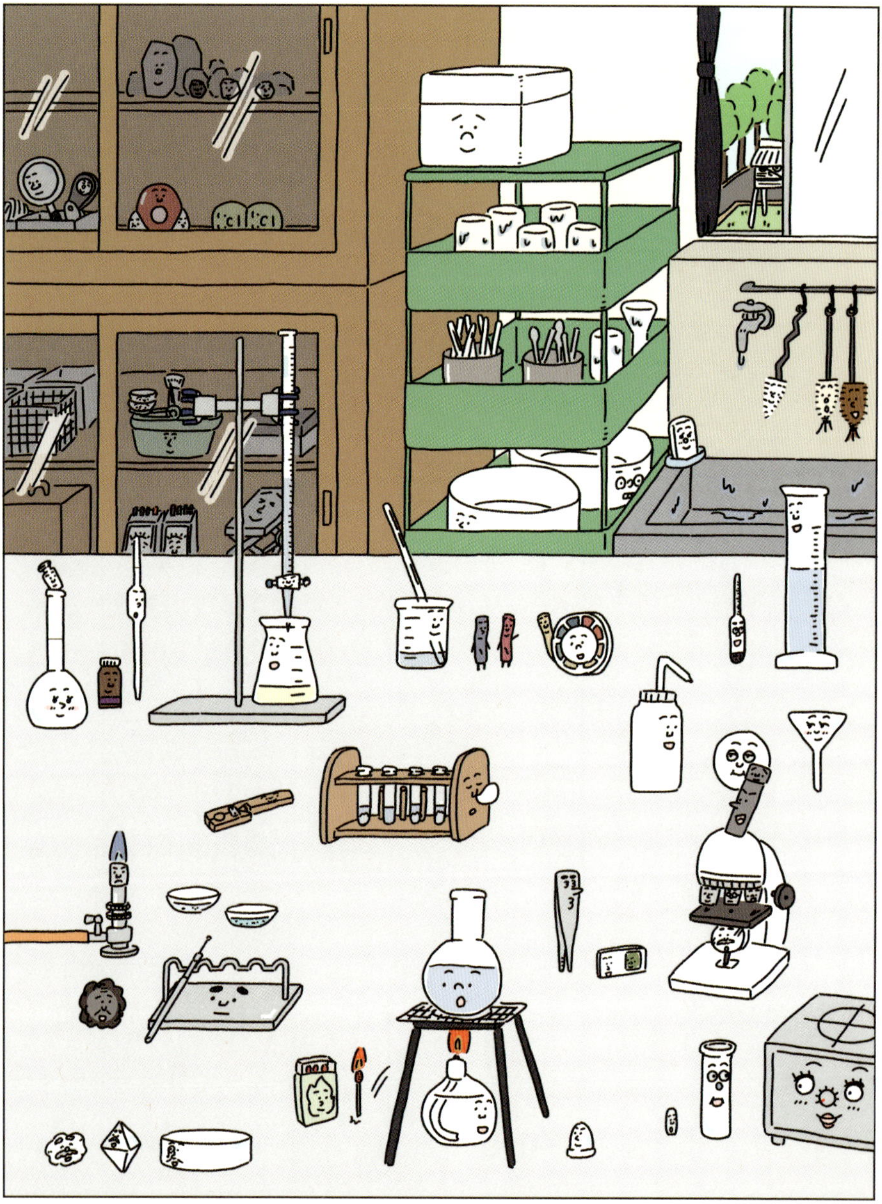

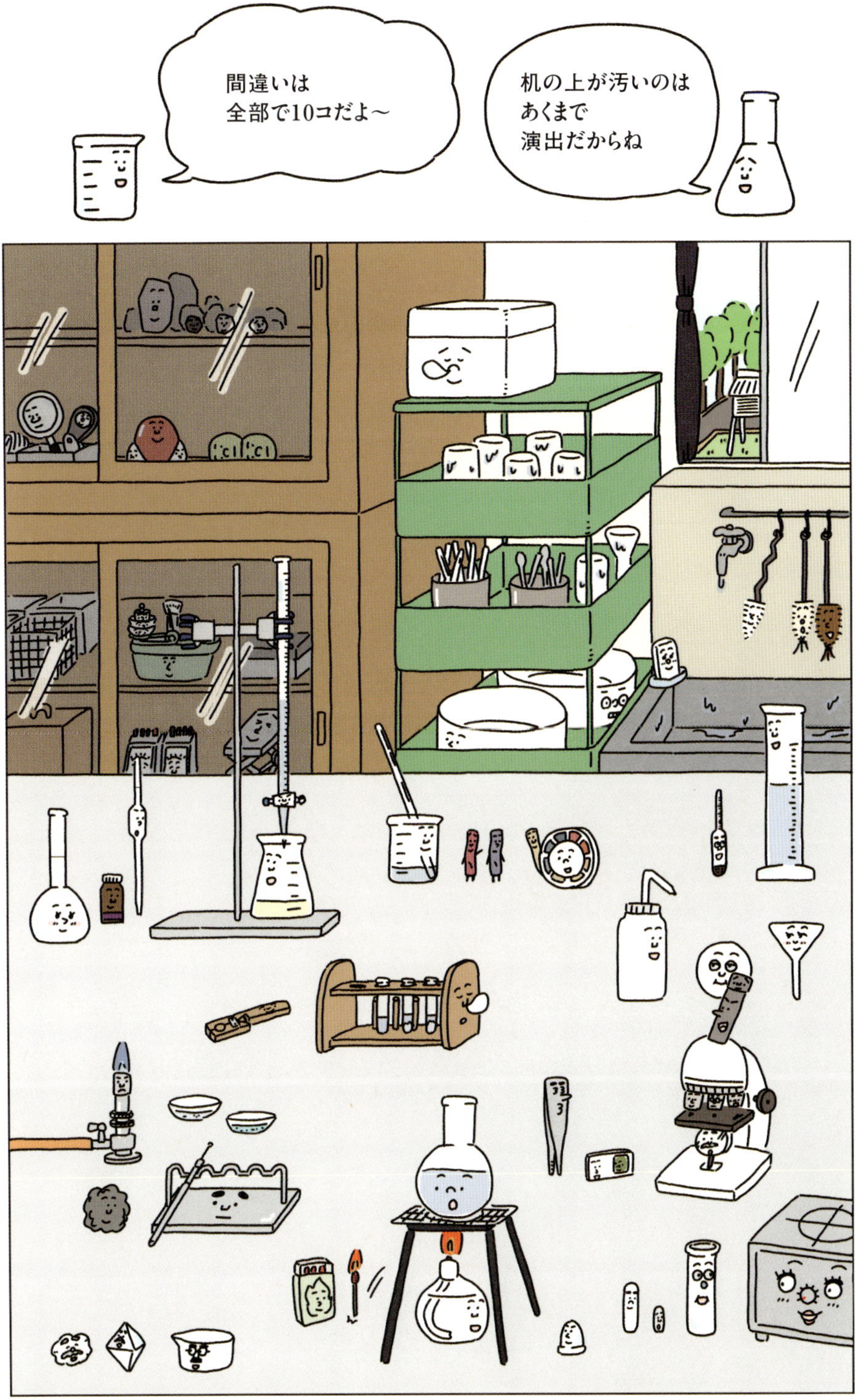
間違いは
全部で10コだよ～
机の上が汚いのは
あくまで
演出だからね

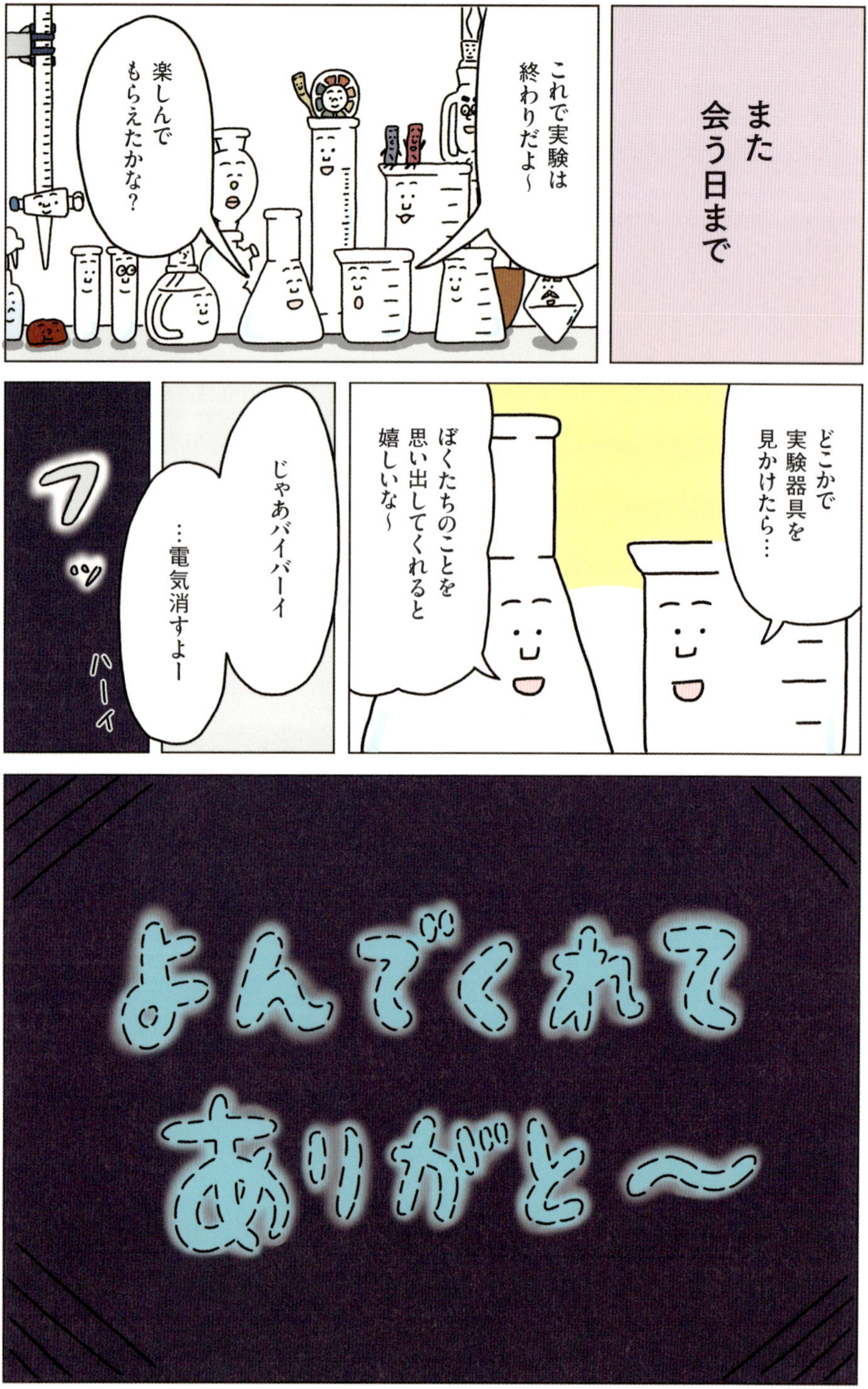

また
会う日まで
これで実験は
終わりだよ～
楽しんで
もらえたかな？
どこかで
実験器具を
見かけたら…
ぼくたちのことを
思い出してくれると
嬉しいな～
じゃあバイバーイ
…電気消すよー
フッ
バーイ
よんでくれて
ありがと～

参考文献

- 飯田隆ほか, イラストで見る化学実験の基礎知識, 丸善(2009)
- 化学実験テキスト研究会編, 基礎実験, 産業図書(1993)
- 化学同人編集部編, 実験を安全に行うために, 化学同人(2017)
- 化学同人編集部編, 続 実験を安全に行うために 基本操作・基本測定編, 化学同人(2017)
- 国立天文台編, 理科年表, 丸善(2016)
- 左巻健男, やさしくわかる化学実験事典, 東京書籍(2010)
- 荘司菊雄, 化学実験マニュアル, 技報堂(1996)
- 数研出版編集部編, 改訂版 視覚でとらえるフォトサイエンス化学図録, 数研出版(2014)
- セオドア・グレイ, 世界で一番美しい分子図鑑, 創元社(2015)
- 西山隆造・安楽豊満, はじめての化学実験, オーム社(2000)
- 日本化学会編, 実験化学講座1, 丸善(2003)
- 福地孝宏, 実験でわかる化学, 誠文堂新光社(2007)
- 山崎昶, 酸化と還元30講, 朝倉書店(2012)
- 米沢富美子, ブラウン運動, 共立出版(1986)

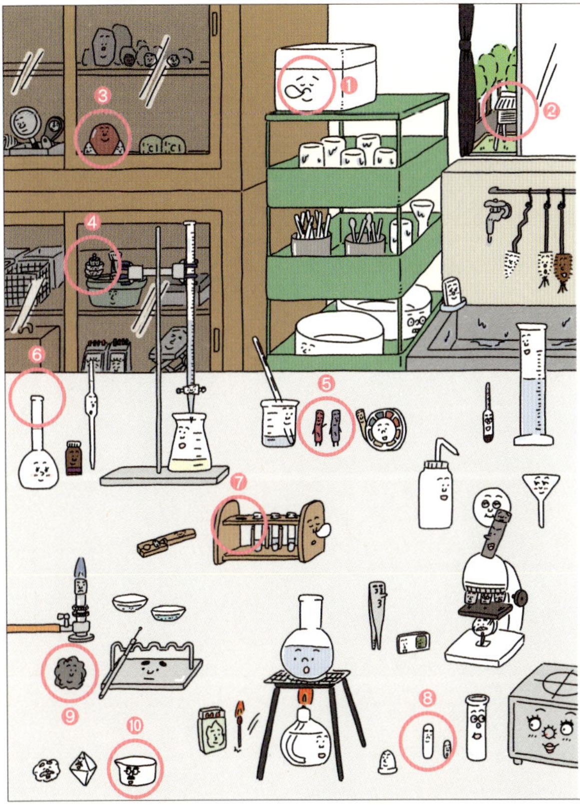

間違い探しの答え

①発泡スチロールの箱くんが寝ている
②百葉箱親分が後ろを向いている
③H_2O分子模型くんの口が閉じている
④分銅が乗っている
⑤青色リトマス紙くんと赤色リトマス紙くんが逆
⑥共栓くんがいない
⑦試験管が1本無くなっている
⑧スターラーバーが1つ増えている
⑨燃焼後スチールウールじいさんが燃焼前スチールウールくんになっている
⑩シャーレ男爵が蒸発皿おやじになっている

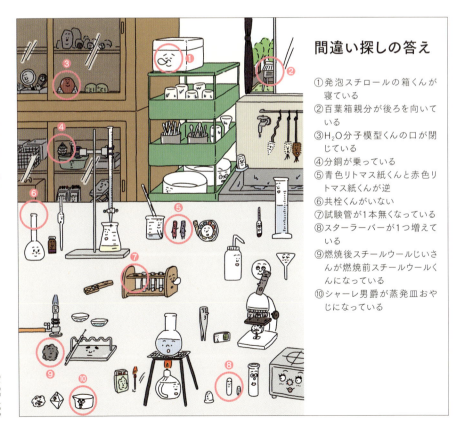

著者：うえたに夫婦
奈良県出身・神奈川県在住。化粧品メーカーの元研究員の夫と理系ではない妻の夫婦で活動するユニット。京都のラーメンが大好物。主な著書に「ビーカーくんとそのなかまたち」（誠文堂新光社）、「ビーカーくんと放課後の理科室」（仮説社）、「ピカピカヒーローせっけんくん」（PHP研究所）などがある。好きな実験器具はやっぱりビーカー。そして、好きな実験は吸引ろ過実験。

文章：山村紳一郎
サイエンスライター。東京都出身。東海大学海洋学部を卒業したのち、雑誌取材記者やカメラマン等を経て、科学技術や科学教育分野の取材・執筆に従事。「おもしろくてわかりやすく、手ごたえと夢のあるサイエンス」の紹介・啓蒙に努める。2004年から和光大学で非常勤講師も務めている。好きな実験器具はコニカルビーカー。好きな実験は振動反応。

Writer：山村紳一郎
Editor：小島俊介（ことり社）
Designer：佐藤アキラ

取材協力：（有）桐山製作所

その手順にはワケがある！

ビーカーくんのゆかいな化学実験

2018年2月10日　発　行	NDC 432
2018年6月8日　第3刷	

著　者	うえたに夫婦
発行者	小川雄一
発行所	株式会社 誠文堂新光社
	〒113-0033 東京都文京区本郷3-3-11
	（編集）電話03-5805-7765
	（販売）電話03-5800-5780
	http://www.seibundo-shinkosha.net/

印刷・製本　図書印刷 株式会社

©2018, Uetanihuhu.
Printed in Japan

検印省略　禁・無断転載

落丁・乱丁本はお取り替え致します。

本書のコピー、スキャン、デジタル化等の無断複製は、著作権法上での例外を除き、禁じられています。本書を代行業者等の第三者に依頼してスキャンやデジタル化することは、たとえ個人や家庭内での利用であっても著作権法上認められません。

JCOPY ＜（社）出版者著作権管理機構 委託出版物＞
本書を無断で複製複写（コピー）することは、著作権法上での例外を除き、禁じられています。本書をコピーされる場合は、そのつど事前に、（社）出版者著作権管理機構（電話 03-3513-6969／FAX 03-3513-6979／e-mail:info@jcopy.or.jp）の許諾を得てください。

ISBN978-4-416-51814-4